非線形回路

森沢 一栄 著

「d-book」シリーズ

http://euclid.d-book.co.jp/

電気書院

目　次

1　回路素子と電圧・電流特性

　　1・1　2端子素子 …………………………………………………………1
　　1・2　非線形2端子抵抗素子 ……………………………………………2
　　1・3　リアクタンス素子 …………………………………………………3
　　1・4　3端子素子 …………………………………………………………3

2　二，三の非線形回路の例

　　2・1　変抵抗回路の例 ……………………………………………………5
　　2・2　鉄心リアクトルの電流波形 ………………………………………6
　　2・3　3倍周器 ……………………………………………………………8
　　2・4　鉄心リアクトルと線形リアクトルの 直列回路 ………………8
　　2・5　アークの電圧・電流特性 …………………………………………10
　　　　（1）直流アーク ………………………………………………………10
　　　　（2）交流アーク の特性 ……………………………………………10
　　　　（3）アークの安定 ……………………………………………………11

3　鉄共振現象

　　3・1　直列鉄共振 …………………………………………………………13
　　3・2　並列鉄共振 …………………………………………………………14

4　鉄心リアクトルとコンデンサの 直列回路　　　　　　　　15

5　直列鉄共振回路

　　5・1　図式解法（その1）…………………………………………………19
　　5・2　図式解法（その2）…………………………………………………20
　　5・3　図式解法（その3）…………………………………………………22
　　5・4　回路特性 ……………………………………………………………23

	5・5	安定・不安定と臨界条件 …………………………………23
	5・6	三相送電線の1線断線事故と直列鉄共振 ………………25

6　並列鉄共振回路

	6・1	L, C 並列の鉄共振回路 …………………………………28
	6・2	L, C, R の並列鉄共振回路（図式解法その1）……………29
	6・3	L, C, R の並列鉄共振回路（図式解法その2）……………30
	6・4	並列鉄共振形定電圧安定器の原理 ……………………………32
	6・5	並列鉄共振形定電圧安定器の定電圧条件 ……………………33
	6・6	鉄心リアクトル特性を直線近似した場合の近似解法 ……………35
	6・7	並列鉄共振形定電圧安定器 ……………………………………36
		（1）回路と計算式 ………………………………………………36
		（2）定電圧条件 …………………………………………………38
		（3）諸定数の選定 ………………………………………………38
	6・8	計器用変圧器の中性点異常現象 ………………………………39
		（1）単相回路 ……………………………………………………39
		（2）三相回路 ……………………………………………………40
		（3）対　策 ………………………………………………………41
	6・9	配電線の中性点不安定現象 ……………………………………41

7　可飽和リアクトル

	7・1	可飽和リアクトル ………………………………………………42
		（1）仮　定 ………………………………………………………42
		（2）鉄心内の磁束変化 …………………………………………43
		（3）波　形 ………………………………………………………43
		（4）交直流磁化特性と磁気増幅特性 …………………………44
	7・2	磁気増幅器 ………………………………………………………46
		（1）角形ヒステリシス磁化特性の場合の直列形可飽和リアクトルの動作　46
		（2）磁気増幅器 …………………………………………………47
	練習問題の答 …………………………………………………………………50

1 回路素子と電圧電流特性

　一般に回路網にキルヒホッフの法則を適用すると回路網の微分方程式が得られるが，非線形素子を含む場合には非線形微分方程式となるのが一般である．これを解く場合に線形の場合には有効であった各種の変換（フーリエ変換，ラプラス変換など）は役に立たず，非線形の微分方程式を直接に扱わねばならなくなってくる．そうして十分に長い時間を経過した後の回路状態は，平衡状態か振動状態（たとえばmultivibrator，パラメータ励振など）になる．ここでは前者，すなわち平衡状態の回路について示すことにする．

<small>線形回路</small>　　いままで扱ってきた回路のように回路素子の定数 R, L, C が一定の回路を**線形回路**(linear circuit)というが，この線形という性質は "重ねの理" "重ね合わせの理" が適用できるものである．このことを回路素子について考えてみよう．

　回路でのもっとも基本的な法則であるキルヒホッフの法則は，電圧と電流とについて表現しているから，回路素子の特性を "端子間の電圧" と "端子に流（出）入する電流" とで表現しておくのが便利であろう．

1・1　2端子素子

　素子を通ずる電流瞬時値が端子電圧瞬時値だけで一意的に定まる場合，あるいは電圧が電流だけで定まるような素子は（広い**意味での**）**抵抗**である．前の場合を考えることにして電圧(v)と電流(i)との関係を

$$i = f(v) \tag{1・1}$$

にて表すこととする．電圧 v_1 のときの電流を i_1，同じく v_2 のときを i_2 で表せば，

$$i_1 = f(v_1)$$
$$i_2 = f(v_2)$$

ここで "重ね合わせの理" が成り立つとすれば，

$$i_1 + i_2 = f(v_1 + v_2)$$

このことからつぎの関係が得られる．

$$f(v_1 + v_2) = f(v_1) + f(v_2) \tag{1・2}$$

関数 $f(v)$ が v の連続関数のときは (1・2) 式から

$$f(v) = Gv \quad G;\text{定数}$$

という結果が得られる．いま $1/G = R$ とおき，これを上式に代入し，かつ $f(v) = i$ なることを考慮すると

$$v = Ri \tag{1・3}$$

<small>素子の抵抗</small>　となる．(1・3) 式の比例定数 R は，この素子の**抵抗**といわれるものである．

非線形抵抗　このように"重ね合わせの理"が成り立つ場合には(1・1),(1・2)式に帰するが，成り立たない場合，この条件下の抵抗のことを**非線形抵抗**＊という．この場合には(1・1)式そのものが，非線形特性そのものを表すことになる．このことは図1・1のバリスタの特性で理解されよう．

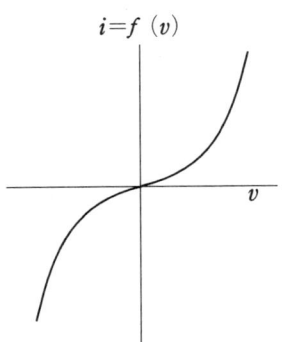

図1・1　バリスタの特性

1・2　非線形2端子抵抗素子

非線形抵抗素子　**非線形抵抗素子**の代表例としては方向性現象を現すもの，たとえば，ダイオード～2極整流素子(2極真空管，半導体整流素子)がある．半導体は豊富な非線形素子提供源で多くの例をあげることができるが，図1・2はツェナー・ダイオードの電圧電流特性である．同じくダイオードでもトンネル・ダイオード(エサキ・ダイオード)は図1・3に示すように$f'(v)<0$となる部分があるので**負性抵抗**といわれる＊＊．

負性抵抗

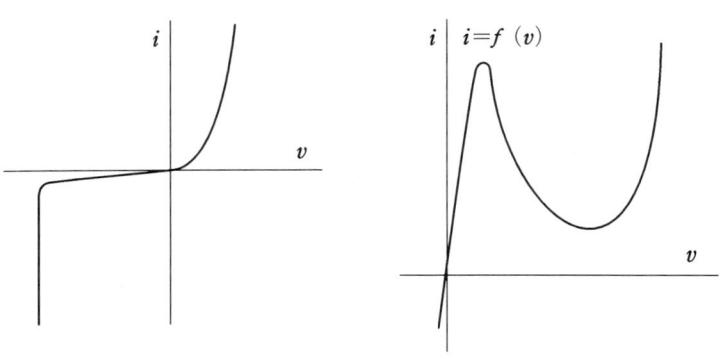

図1・2　ツェナーダイオード　　　図1・3　トンネルダイオード

以上は電流が電圧によって定まる場合であるが，逆に電圧が電流によって定まる場合の例としてpnpnダイオード，ダブルベース・ダイオード(ユニジャンクション・トランジスタ)～(図1・4)，放電管，火花放電などをあげることができよう．

＊　このような非線形抵抗については
$$\frac{dv}{di}=\frac{1}{f'(v)}$$

微分抵抗　をその素子の**微分抵抗**ということがあるが，この値は電圧vの関数となる．

＊＊　これと同じような種類の特性に4極真空管のダイナトロン特性などがある．

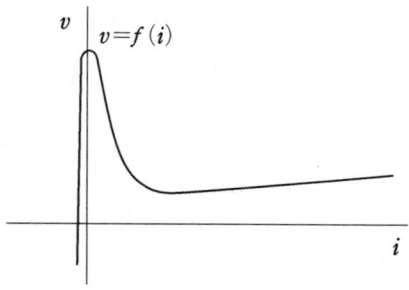

図 1・4

放電管　　また**放電管**は電流通過による温度上昇では負の温度係数であって，この意味においても非線形抵抗である．このような例としては，半導体，アーク，電解液，炭素フィラメントなどをあげることができる*．

また一般の導体も周囲温度および自己加熱の影響を考えると正の抵抗温度係数を有し厳密な意味で非線形回路を構成する．この例としては白熱電球のフィラメントを考えるとよい．高温度になるときは抵抗が電圧によって変化してくるものである．

1・3　リアクタンス素子

基本的な関係式は $(n\phi)$ を磁束鎖交数，電荷を q として，

$$v = \frac{d(n\phi)}{dt}, \quad (n\phi) = f(i) \tag{1・4}$$

$$i = \frac{dq}{dt}, \quad q = f(v) \tag{1・5}$$

$(n\phi)$ と v（あるいは i と q）との間では重ね合せができるから，i と v（あるいは v と i）との間で重ね合せができるかどうかという問題は関数 $f(i)\{f(v)\}$ の形いかんによる．

鉄心を有するリアクタンスではヒステリシスのため $f(i)$ は一般に i の一価関数ではない．しかしヒステリシスを考慮しなくてよい場合でも飽和現象を考慮しなければならないので複雑である．

静電容量の場合は，（誘電体の）ヒステリシスを考慮しなくてもよい場合でも比例関係が成立しない誘電体も多い．鉄心を有するインダクタンスも同様に複雑となるのはやむを得ないであろう．

1・4　3端子素子

まず3極真空管，e_g を格子電圧，e_p をプレート電圧，i_g をグリッド電流，i_p をプレート電流とすれば，3極真空管の特性は一般に

---

* 半導体素子は一般に温度による影響が著しい．温度係数をとくに大きくしたサーミスタでは，わずかの温度上昇で抵抗ははなはだしく変化する．

$$i_g = f_g(e_g, e_p), \quad i_p = f_p(e_g, e_p)$$

これは，いわゆる広域特性であるが，e_g があまり正にならない範囲では

$$i_g = 0, \quad i_p = F(e_g + De_p)$$

を用いてもよい．ここに D は3極管の増幅率の逆数，また関数のグラフは図 1・5 のようである．

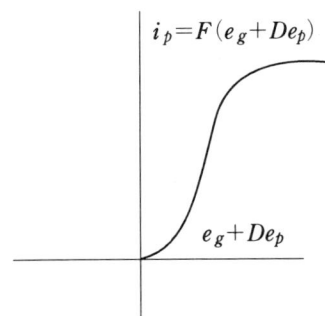

図 1・5

トランジスタ　つぎに半導体の3端子素子の代表として**トランジスタ**（transistor）をあげてみよう．図 1・6 でベース b，エミッタ e 間の電圧を v_e，ベース・コレクタ間の電圧を v_c，エミッタ電流を i_e，コレクタ電流を i_c とすれば，トランジスタの（ベース接地）広域特性は一般に

$$i_e = f_e(v_e, v_c)$$
$$i_c = f_c(v_e, v_c)$$

と書ける*.

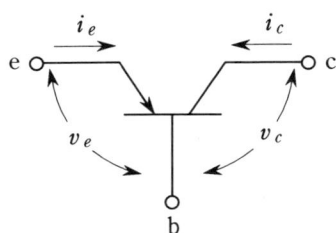

図 1・6　トランジスタ

〔問1〕　一つの直流電圧計と直列に図 1・7 のような電圧電流特性を有する抵抗器を接続して電圧を測定する．電圧計の読みと測定しようとする電圧との関係を求める方法を述べよ．

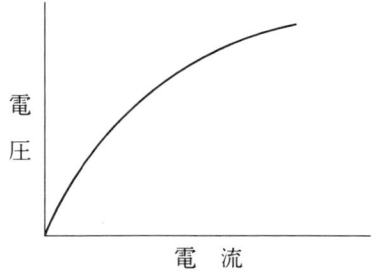

図 1・7

---

*　これらから狭域特性，線形特性，さらに，エミッタ特性なども記述できるが省略する．このほか3端子素子としてはサイリスタ（Thyristor），そのほかの半導体素子がある．

2　二，三の非線形回路の例

2・1　変抵抗回路の例

　抵抗R_0の導体の温度上昇θは，これに通ずる電流をiとすると$R_0 i^2$に比例すると考えられる．すなわち$\theta = \beta R_0 i^2$と考えてよい．ここにβは比例定数である．
　したがってR_0の端子電圧をeとすると

$$\theta = \beta R_0 i^2 = \beta \frac{e^2}{R_0}$$

すると，任意温度tの抵抗Rは，導体の抵抗の温度係数をαとすれば，

$$R = R_0 \left(1 \pm \alpha \beta \frac{e^2}{R_0}\right)$$

$$i = \frac{e}{R} \simeq \frac{e}{R_0}\left(1 \mp \frac{\alpha\beta}{R_0} e^2\right)$$

という関係が得られる．
　いま，$e = E_m \sin \omega t$とすると

$$i = \frac{E_m}{R_0}\left(1 \mp \frac{3\alpha\beta}{4R_0} E_m^{\,2}\right)\sin\omega t \pm \frac{\alpha\beta}{4R_0} E_m^{\,3} \sin 3\omega t$$

波形ひずみ　となり，第3調波が現れて**図2・1**のように平頭波（$+\alpha$のとき）やピーク波（$-\alpha$のとき）のような**波形ひずみ**を生ずる．

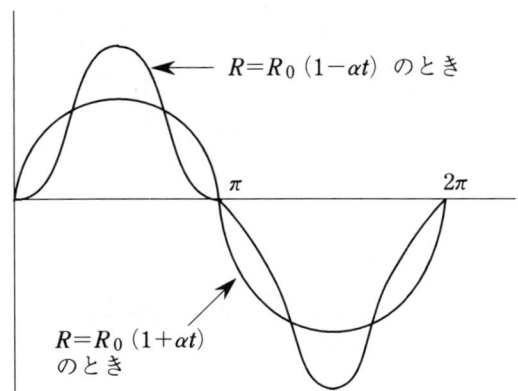

図2・1　波形ひずみの例

　〔例1〕　2倍周波数の高調波を含む交流電圧を2乗特性を有する整流器によって検波しようとする場合，被測定端子を反転すれば，検波値はもとの値と相違するか．相違するとすれば，その理由を簡単に記述せよ．なお，3倍周波数の高調波を含む場

2乗特性 〔略解〕 ここでいう**2乗特性**というのは図2·2に示すような特性で，順方向，逆方向に対し電流iは，係数をkとして

　　　順方向（電圧$v≧0$の場合）$i=ke^2$
　　　逆方向（電圧$v≦0$の場合）$i=0$

であるとすれば，2倍周波数を含む交流電圧では正の半波と負の半波では一般に波形が異なるから，被測定端子を反転することによって，検波値は異なってくる．

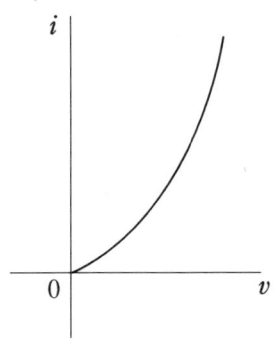

図2·2　2乗特性

なお平均値について考えれば，正・負半波で一般には異なるが，基本波と2倍周波数の高調波が同相のとき（時間起点を同じくする，つまり$t=0$でともに0で，同時に上昇し始めるとき）には非対称波であるが平均値は違わない．（波形を画いてみるとよくわかる）．

3倍周波数の高調波を含む場合は対称波となるので，被測定端子を反転しても検波値は相異しない．

〔問2〕　100 V，100 Wおよび100 V，60 Wの電球を図2·3のように接続し，端子ab間の電圧をしだいに上げて点灯するとき，どの電球の光度が先に定格値に達するか．またこの場合，ほかの電球の光度は定格値の何%となるか，ただし，電球の光度は電圧の3.6乗に，電流は電圧の0.6乗にそれぞれ比例するものとする．

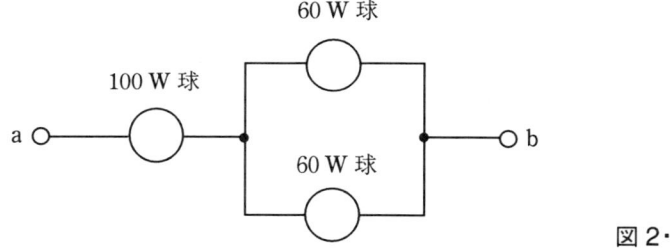

図2·3

2·2　鉄心リアクトルの電流波形

一般に鉄心を有するコイルは電気回路によく使われるが，磁化曲線の非直線性のために，たとえ印加電圧が正弦波であっても電流波形がひずんでくることはよく知られている．「ひずみ波と調波分析」にはヒステリシスを考慮しない場合の電流波形を示したが，ここには**ヒステリシス**を考慮した場合の波形を掲げておく．

ヒステリシス

2·2 鉄心リアクトルの電流波形

鉄心リアクトル　また**鉄心リアクトル**に正弦波電流を通ずる場合には，電圧波形がピーク波となる．以下，すこし計算をしてみよう．

いま，磁束ϕと電流iとの間の関係式として
$$\phi = Ai + Bi^3$$
を用いると（ここにA, Bは定数），巻数nの鉄心リアクトルに$i = I_m \sin\omega t$ が流れるときは
$$\phi = AI_m \sin\omega t + BI_m^3 \sin^3\omega t$$

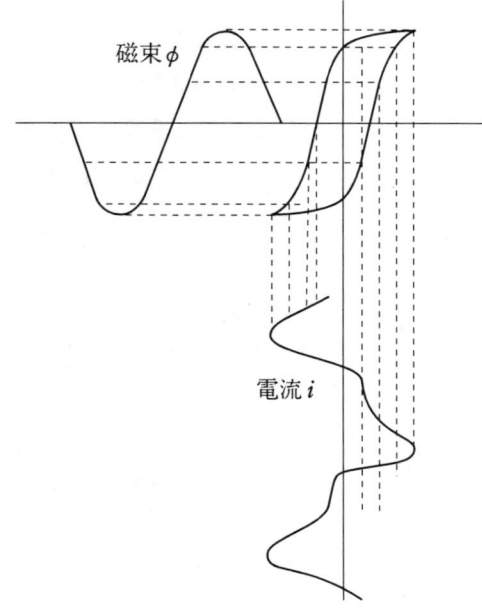

図2·4

ところで
$$\sin^3\omega t = \frac{3}{4}\sin\omega t - \frac{1}{4}\sin 3\omega t$$
と展開できるので，
$$\phi = \left(A + \frac{3}{4}I_m^2\right)I_m \sin\omega t - \frac{BI_m^3}{4}\sin 3\omega t$$

すると鉄心リアクトルの分担電圧は
$$e = n\frac{d\phi}{dt} = \left(A + \frac{3}{4}I_m^2\right)n\omega I_m \cos\omega t - \frac{3}{4}Bn\omega I_m^3 \cos 3\omega t$$

となって，電圧波形には第3調波が入ってくることになる．図2·5は前式を図示したものである．なおこの波形から磁束ϕの波形を推定すると平頭波であることも推察できよう．

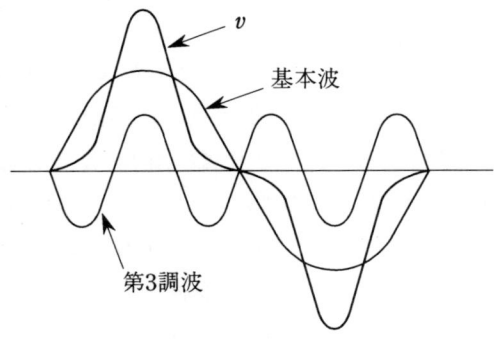

図2·5

2·3　3倍周器

励磁電流
ピークトランス

2·2のように**変圧器の励磁電流**は第3調波を含み，励磁電流を強制的に正弦波に保てば誘起起電力は第3調波を含むピーク波となり**ピークトランス**が得られる.

いま図2·6のような接続を考えよう．第3調波はA, B, C 3相について同相であり，Y結線では$i_{a3}+i_{b3}+i_{c3}=0$であるから，$i_{a3}=0$, $i_{b3}=0$, $i_{c3}=0$, つまり第3調波電流は流れ得ない．すると，2次の誘起起電力の中には，互に120°の相差をもつ基本波e_{a1}, e_{b1}, e_{c1}のほか，同相の第3調波分e_3を含むわけである．$e_{a1}+e_{b1}+e_{c1}=0$であるから端子UV間には$3e_3$の3倍周波の電圧が現れるわけである．この電圧は鉄心の飽和度によって異なるが，かなりの値となり，UV間に3倍周波の電力が得られる．

9倍周期

また3倍周波からさらに3倍した**9倍周器**も実用化されており，このような倍周器は金属の溶解や金属の熱間加工のための誘導加熱用電源として用いられていた．

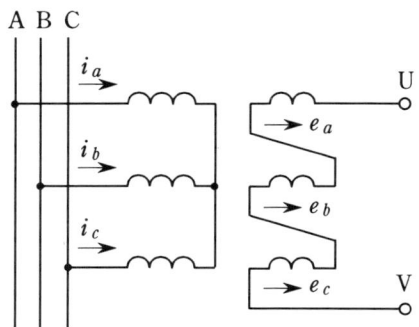

図2·6　3倍周器

2·4　鉄心リアクトルと線形リアクトルの直列回路

鉄心を含んだ回路と一定の自己インダクタンスとが直列になっていることがよくある．もちろん後者では電圧は電流の変化に正比例している．図2·7(a)はこのような回路の鎖交数－電流特性曲線ψを示したもので，直線L_iと鉄心に対する曲線$(n\phi)$を加えてある．

$(n\phi)$は強く飽和しているため，きわめて小さい電流値で飽和値まで達している．これに正弦波形の電圧が加わると見かけの全鎖交数ψは図(b)のように正弦波形で変化し，これに対する電流の変化は図(c)のようになる．

ところで図(b)で鎖交数の両部分を別々にそれぞれの特性曲線に対して求め，それ

微分波形

ぞれ**微分波形**を求めれば，図2·8(a)(b)のように印加正弦波電圧eに対する自己インダクタンス波形e_Lと鉄心リアクトル波形e_ϕも求められる．

2・4 鉄心リアクトルと線形リアクトルの直列回路

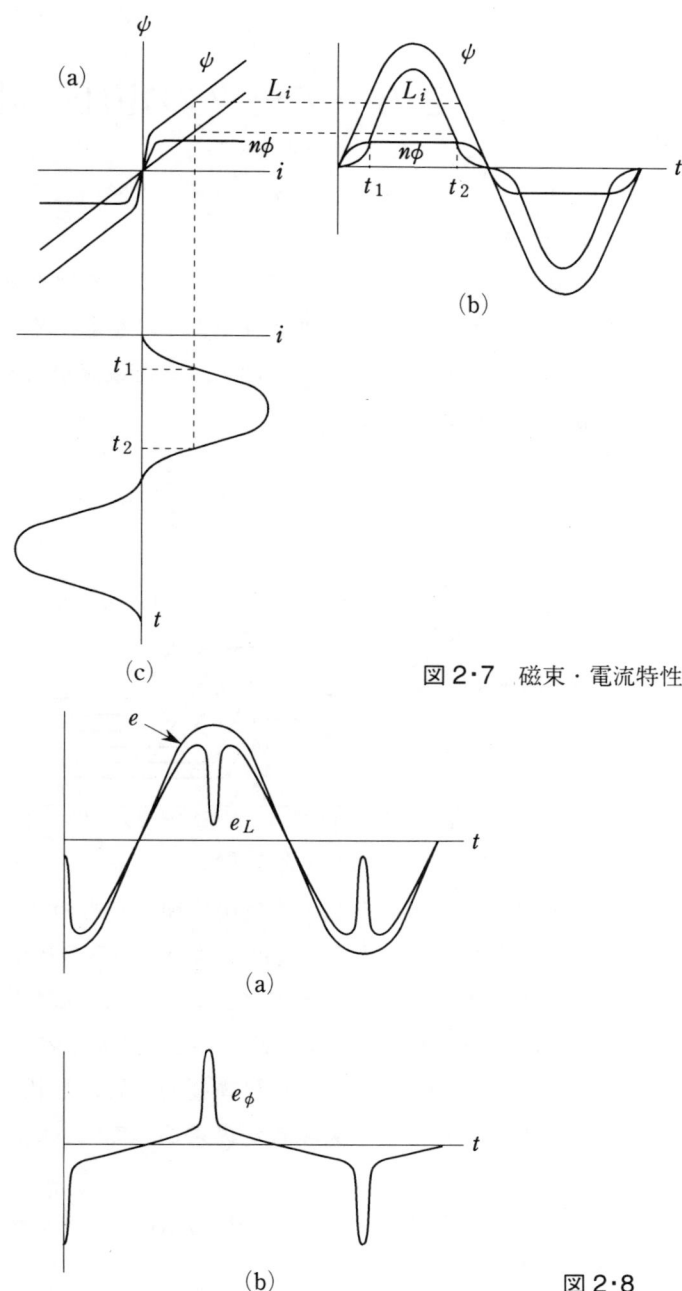

図2・7 磁束・電流特性

図2・8

　図(a)(b)でわかるように，これはゆるやかな正弦波と，ほとんど加えられた電圧の最大値に近いくらいの大きなピーク値を持った電圧が加わったもので，電流が0値を通過する付近において $(n\phi)$ が急速に交番することに起因するものである*．

　このとき，電流は図2・7(c)のように，ここですこしの間0値付近にあるため，線形リアクトルには，ほとんど電圧を誘起せず，全電圧はこの間ほとんど鉄心リアクトルにかかっているためであると解されよう．

　すなわち，2次巻線の開いた継電器コイルとか，CT，直列変圧器とか，ほとんど鉄心を含んだ直列コイルにおいては，その鉄心を過度に飽和させるような短絡電流が通ずると非常に大きなピーク電圧をそのコイルが受けるということがわかる．

---

*　このような波形は可飽和リアクトルや磁気増幅器の誘導負荷での波形としてよく観測されるもので，飽和鉄心回路の誘導負荷特性としてよく知られている．

2・5 アークの電圧・電流特性

(1) 直流アーク

ほかの諸条件を一定に保って，アーク電流だけをゆっくり変えて，それに伴うアーク電圧の変化を調べると図2・9のようになる．すなわち電流が増すとかえって電圧は下り，いわゆる**垂下特性**を示す．また電流がある値以上になると電圧はほぼ一定の値に落ちついてしまう．

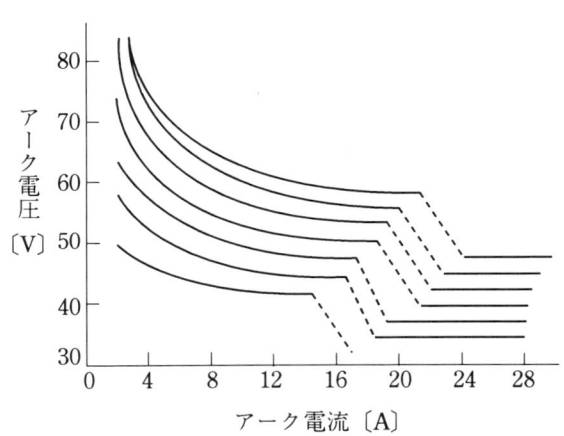

図2・9 アーク電圧の変化

図2・9は炭素を電極として大気中で調べたもので，10数A前後を境として電圧は急降下し以後の電流の大きい範囲ではいろいろの音を発するので**叱音アーク**（hissing arc）という．しかし叱音はどのアークでも発するわけではなく，炭素アークでも電極の大きさや電流などがある条件のとき発するものである．

これらアークの電圧電流特性は電極の材質，形状，雰囲気，気圧などいろいろの条件で異なり，いろいろ実験式が提案されているが，ここでは**エヤトン**（Ayrton）夫人**の式**を示しておこう*．

アーク電圧を V〔V〕，アーク電流を i〔A〕，アーク長さを l〔mm〕とすると，ある範囲内では3者の間に

$$V = a + bl + \frac{c + dl}{i}$$

ただし，a, b, c, d；定数

なる関係がある．これがエヤトン夫人の特性式である．

(2) 交流アークの特性

アークを交流電源で点じてもその機構そのものは直流アークと変わらない．しかし電圧電流が，時間的に変化するために電圧電流特性に特長のある性質がある．

交流アークでは交番電流の半波ごとに必ずいったん消滅して，逆方向への電圧の上昇で再点弧するものである．したがって交流アークでは，この間の電極よりの電子放射の難易，ギャップ内の電子とイオンのふるまい，各部分の熱的慣性などと電源周波数との相対関係など，複雑な関係にある．

---

* ほかにSteinmetz氏，Nottingham氏などの提案式がある．

2·5 アークの電圧・電流特性

炭素アーク　図2·10は商用周波数の交流電源から直列抵抗rを通じて大気中で**炭素アーク**を点じたときの電圧電流の様子を示したものである．図示のように電源電圧eが0のときは電流iは0であるが，eが正弦波形にしたがって上昇すれば，電極間電圧v_aはこれに伴って上昇するが，火花電圧値に達して点弧するとこれに伴って電流iが通じ，v_aはそれに応じたアーク電圧まで低下する．

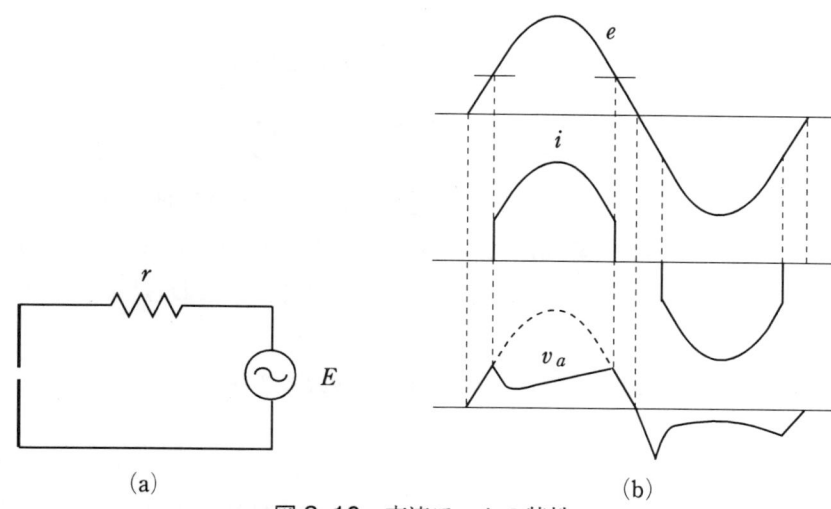

図2·10　交流アークの特性

　eが最大値を過ぎるとiも減じるが，v_aはアークの電圧電流特性にしたがって逆に増加する．そうしてついにeがv_aと一致する点を過ぎるとアークを維持することができなくなってアークは消滅する．つぎの半波では前記の経過を逆向きにくり返すだけである*．

(3) アークの安定

　エヤトン夫人の式でlを一定に保つとVとiとは直角双曲線の関係にあり，電流が増加すれば電圧は減少する．すなわち$dV/di<0$である．

　一般のアークも垂下特性を有しているから同様の事情にある．これが**アークは負**

負抵抗　**抵抗を有する**といわれる事情であるが，V/iの比が負という意味ではなく，電流のある変化分に対して負抵抗を示すということなのである．

アークの安定　したがって**アークの安定**のためには，アークがL形の垂下特性であるのに対してL形(逆L形)の垂下特性を有する電源を必要とする**．

　またこのほか，アークの安定のためには適当な抵抗を直列に接続することも行わ

安定抵抗　れ**安定抵抗**というが，交流の場合にはリアクタンスも使われるが力率が悪くなる．

　いまアークの電圧電流特性を図2·11のABで示すとき，直列抵抗Rを直列にし，供給電圧をEとして安定・不安定を調べてみよう．

　まず，EからIR降下を差引いた$(E-IR)$を示す直線$\overline{CD}$を引き，アークの特性曲線ABとpq 2点で交わらしめる．$\overline{CD}$がEの直線となす角をγとすれば$\tan\gamma=R$，

抵抗直線　すなわち$\overline{CD}$直線の傾斜が抵抗を与えるものである．それでこの$\overline{CD}$直線を**抵抗直線**という．

---

　*　とにかくアークというものは，電力遮断現象から見ても，物理現象から見ても複雑である．またLやCを含む回路の交流遮断は交流現象としては重要なのであるが，本書ではこれ以上，立ち入らないことにする．

　**　漏れ変圧器などが代表例である

2 二，三の非線形回路の例

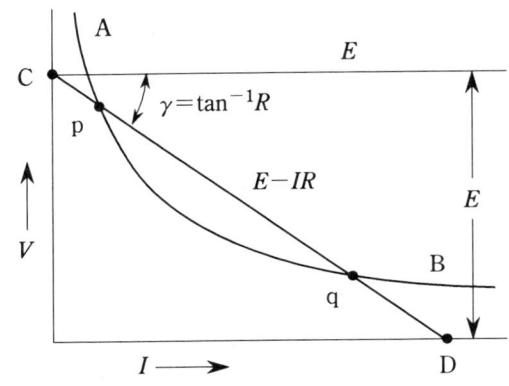

図 2・11 アークの電圧・電流特性

さてアーク電圧をV，電流をIとすると直列抵抗Rがある場合には$E=V+IR$であるから，$-dV/dI<R$であれば，つまり交点における曲線の傾斜が抵抗直線$\overline{CD}$の傾斜より小さくなればアークは安定する．すなわち，p点は不安定，q点は安定である．

〔例 2〕 アークの電圧Vと電流Iとの関係が

$$V = 60 + \frac{64}{I}$$

で与えられるとき，これに4Ωの安定抵抗を直列に入れて直流100 Vを加えた場合の電流を求めよ．

〔略解〕 題意により次式が成り立つ．

$$100 = 60 + \frac{64}{I} + 4I$$

書き直すと2次式となり，これを解いて，

$$I = \frac{10 \pm \sqrt{100-64}}{2} = \frac{10 \pm 6}{2} = 8 \text{ または } 2 \text{ [A]}$$

そこで$-dV/dI<R(=4\,\Omega)$となるか否かを調べると

$$\frac{-d\left(60+\frac{64}{I}\right)}{dI} = \frac{64}{I^2}$$

$$\therefore\ \frac{64}{I^2} < 4 \quad \therefore\ I > \sqrt{\frac{64}{4}} = 4 \text{ [A]}$$

すなわち4 [A]を限度としてこれ以上ならば安定であるから動作電流は8 [A]が答である．

〔問 3〕 一定電圧Eの電源により抵抗Rを通じて直流アークを点じ，その電極間の距離を徐々に増加させ，アークの消滅しない限度の電極間の最大距離およびそのときの電流を求めよ．ただし，アークの端子電圧e，電流iおよびアークの長さlの関係は下式にしたがうものとする．

$$e = a + \frac{bl}{i} \quad a,\ b\text{は定数}$$

〔問 4〕 $I = A \cdot \varepsilon^{-B/T}$で表される特性式がある．実数$T$を変化して$I$を測定した結果から，実定数および$B$を求める方法を記述せよ．

3 鉄共振現象

3・1 直列鉄共振

　図3・1に示すように周波数が一定の交流電源と直列に鉄心リアクトルL，抵抗R，コンデンサCが入っている回路を考える．そうしてスイッチSを閉じ，印加電圧Eを零から徐々に上げてゆくときの，回路に通ずる電流Iの変化する関係をグラフに描くと，図3・2の0daのような曲線となる．ところが電圧がE_2となると，電流Iは急激に増大して，b点へ跳躍する．それ以後，bpのように単調に上昇する．今度は逆に電圧を徐々に下げてゆくと，曲線pbcに沿って電流は徐々に減少してくるが，電圧E_1で急にd点に急下して，その後はd0と単調に減少する．

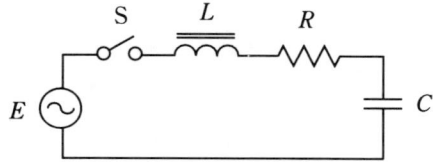

図3・1　RLC直列回路

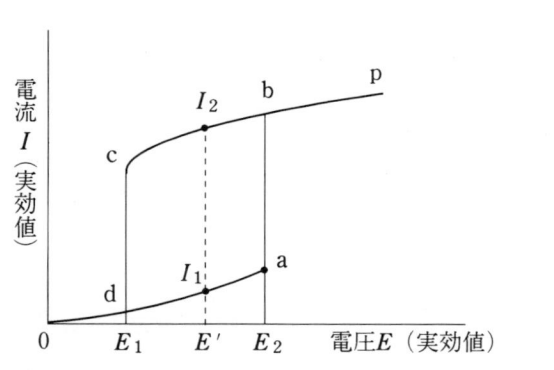

図3・2

鉄心リアクトル　　回路に**鉄心リアクトル**がなければ，もちろんこのような現象は生じない．ここでもう一度図3・2を見てみよう．電圧がE_1とE_2との中間の値，たとえばE'に対して電流はI_1とI_2の二つの異なった値を持つことになる．では印加電圧をE'にしておいてからスイッチSを急に閉じると，I_1とI_2のどちらの電流が通じるのだろうか．それはどっちとも決められない．スイッチを閉じた瞬間の電圧の位相やそのときコンデンサに残っていた電荷の量などの初期条件によってI_1かI_2かのどちらかの電流になるのである．

　また，電圧と電流の関係が図3・2のab区間にあるようなときに，この回路に何らかの電気的衝撃——たとえばスイッチSを一瞬間開いてすぐ閉じるとか，Cの両端子を一瞬短絡してすぐ離すなど——を与えると電流は急激に増大し，bc区間へ移ることがある．以上のような現象を**直列鉄共振**といっている．

直列鉄共振

3・2 並列鉄共振

　たとえば鉄心リアクトルとコンデンサ C の並列回路に交番電圧 E を印加して，前と同様に E を徐々に上昇させてゆく場合を考えてみよう．一般に E が小さい間は鉄心リアクトル電流が小さくコンデンサの充電電流が大きいので，電源から並列回路に流入する電流は進み電流となる．

　E が上昇してある値からは急に遅れ電流に変わり以後鉄心リアクトルの飽和のため，わずかの電圧変化でも大きな電流が通ずるようになる．

並列鉄共振現象　このような現象が基本的な**並列鉄共振現象**である．

4 鉄心リアクトルとコンデンサの直列回路*

まず，純粋に鉄心リアクトルの飽和現象だけを考えるために，回路の抵抗したがってこれによる抵抗降下を無視する図4・1のようなコンデンサ C との直列回路を考察してみよう．この回路に正弦波電圧 E が加わる場合にはつぎのような図式解法*がある．

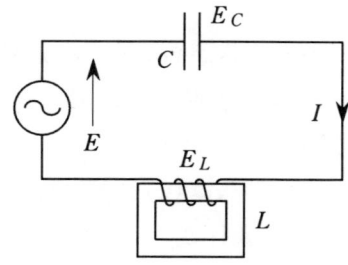

図4・1 鉄心リアクトルとコンデンサの直列回路

図において，鉄心リアクトル，コンデンサの分担電圧をそれぞれ E_L, E_C とすると次式が成り立たなければならない．

$$E = E_L + E_C$$

磁化特性曲線　ここに E_L は電流の変化に対して**磁化特性曲線**に従う曲線で規定され，E_C は電流に比例するものとする．この E_C は電流に対して90°遅れ位相にあり E_L とは180°位相を異にしているから，

$$E_C = -\frac{I}{\omega C}$$

これを前出の E, E_L, E_C の関係式に代入すれば，

$$E_L = E + \frac{I}{\omega C}$$

これを作図すれば図4・2のようになる．(L) は E_L の I に対する曲線，(C) はコンデンサ C の充電特性で，一定の印加電圧 E は電流 I 軸に平行な直線で表される．そうして $E + E_C$ は (C) を E だけ上方に平行移動すればよいことになる．また E の位相が反対の場合には (C) を下方へと平行移動すればよいことはいうまでもあるまい．ところで I 軸と (C) 直線との狭角 γ との間の関係は

$$\tan\gamma = \frac{I}{\omega C}$$

---

*　非線形回路ではいままで示してきたように一般に非正弦波形となり，数式解は困難で実験式か図式による近似解になる．また波形は等価正弦波として表す仮定が行われることが多い．この章および以下の各章においてもこの仮定のもとに非線形回路を扱うことにする．

4 鉄心リアクトルとコンデンサの直列回路

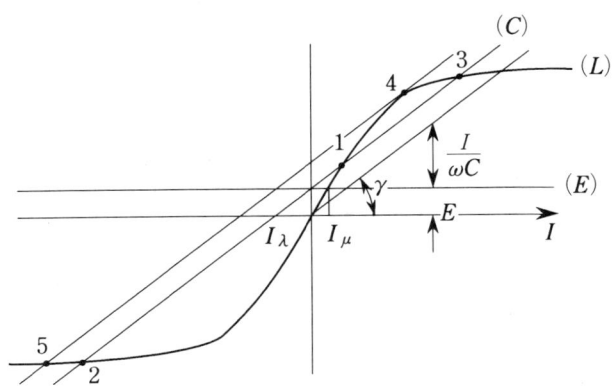

図 4·2

となる．すなわちコンデンサの容量が小さいほど傾斜は急になる．E なる印加電圧のもとの (C) 直線は一定容量のコンデンサの特性であって，これを延長すれば，I 軸を $(-)$ 方向に延長した軸と原点 0 からつぎの距離だけ隔たった点で交わる．

$$I_\lambda = -\frac{E}{\tan\gamma} = -\omega CE$$

これは印加電圧 E のもとにコンデンサ C のみがある場合の充電電流である．一方，鉄心リアクトルのみに E が加わるときには励磁電流 I_μ が通ずるが，これは図 4·2 で (E) 直線と (L) 曲線との交点の示す電流値で表される．

ところで $E_L = E + E_C$ であるから，この等式は (C) 直線と (L) 曲線の交点での電流の場合に成立する．この作用点が成立する条件として E が変わる場合と C が変わる場合の二つがあるが，まず E 一定で C が変わる場合から考えてゆこう．

まず注目しなければならないことは，E_L が E よりも大きくなる点である．いま充電電流を小さくすると (C) 直線の傾斜は図 4·3 に示すように次第に増加し，E_L もまた高くなってゆく．

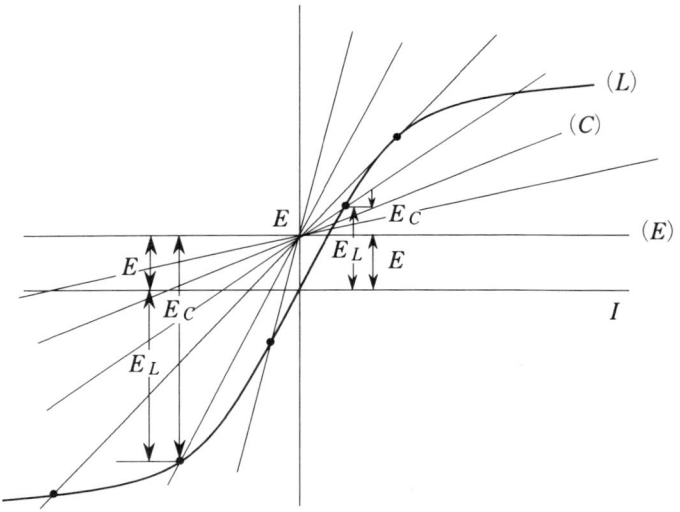

図 4·3

しかしある程度まで E_L は上昇するが，(L) 曲線がわん曲しているためついに (C) 直線が (L) 曲線と交わらず，相接するだけの極限点に達する．これよりさらに容量が減少すれば，作用点は第 1 象限つまり E_L が正で，回路から遅れ電流をとっている範囲には存在し得ないことになる．

このときには (C) 直線は図 4·2 の第 3 象限で，電圧も電流も負の点で交わる．これは励磁電流が方向を逆にして電圧より進んだ充電電流に変わり，その値ははなはだ

—16—

大きくなることを示すと同時にE_LもE_Cもともに異常な過大電圧となることを示している.

これよりさらにCを小さくすると作用点は(L)曲線の負の部分に沿うて上ってE_LもE_Cも，ともに小さくなり，さらにCが著しく小さくなれば，E_Lはまったく消滅して，E_Cは印加電圧Eと等しくなるに至るわけである.

鉄心リアクトルの端子電圧　図4・4は**鉄心リアクトル端子の電圧E_L**の大きさがコンデンサの容量によってどのように変わるかを示したものであるが，ただし電圧の位相は考慮されていない．図から明らかなように鉄心リアクトルの飽和現象のためにある不連続点が生じ，この点で容量がさらに減少すれば，電圧は小さな値から大きい値に跳躍しなければならないことがわかる.

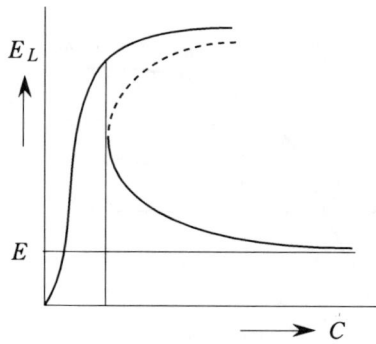

図4・4　鉄心リアクトルの端子電圧

つぎに$E_L = E + E_C$に関する作用点の考察のその二として，**C一定でEが変わる場合**を調べてみよう．この場合には(C)直線を平行移動すればよいのであったが，図4・2あるいは図4・3でも見られるが，(C)直線は(L)曲線の負の部分とも交わっている．すなわち低い電圧域で遅れの励磁電流を，高い電圧域で進んだ充電電流を通じている2面が存在し得るわけである．このどちらの状態になるかということはまったく偶然の問題で，回路を閉じるときの電圧の位相によって定まるものである.

さらに図4・2ではっきりわかるように1, 2点のほかに3の点でも(C)直線と(L)曲線が交わっている．点1, 2は安定であるが，点3は不安定な作用点なのである．このことはつぎのように考えれば理解されよう.

いま点1で電流が（何らかのショックで）少し増すか減るかして，いくぶんこれから離れた点に移ったとしよう．すると印加電圧Eの方向に作用しているE_Cは電流に比例して変わる．ところがこれと反対方向に作用しているE_Lは上り方が急であるから電流の変化よりも激しく変化し，電流は再び元の値に引きもどされる.

同様に点2から電流が少しはずれると，今度はEと同方向のE_Lは逆方向に働いているE_Cほど速く変化しないので電流はやはり元の点2にもどされる.

しかし点3では，電流がいくらかずれるとEと同方向のE_Cは逆方向のE_Lより激しく変化するので，電流はさらに変化し点3からますます遠ざかってしまう．電流の増加では点2に跳躍して安定し，電流の減少では点1で安定する.

また(C)曲線を平行移動してついに(L)曲線に接するような点4になるとどうなるであろうか．この場合には点5に跳躍する.

これら印加電圧の変化に対するコンデンサ端子電圧E_Cの関係をグラフで示すと図4・5のようになる．点線の部分は不安定で，実際には跳躍してしまい実現し得ないことを示す.

4 鉄心リアクトルとコンデンサの直列回路

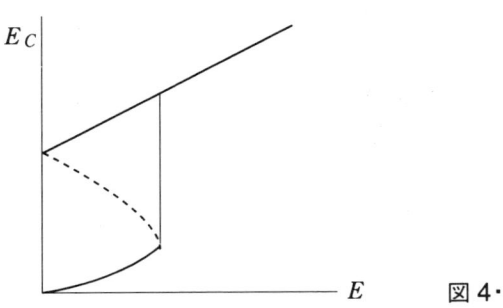

図4・5

注1：E_LやE_Cはその表現からわかるように周波数，したがってωの関数である．するとωの変化によっても，同様の考察ができるわけである（図4・6参照）．

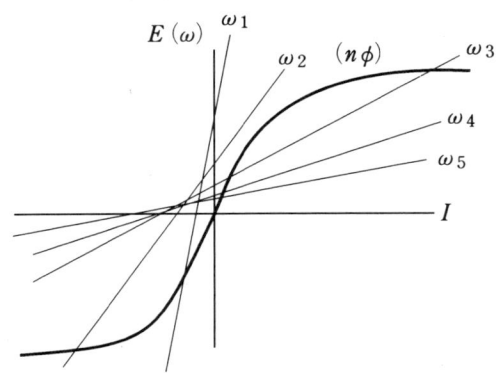

図4・6

この結果は前述までの手法を引用して理解できようが，ωの変化に対する電流I，コンデンサ端子電圧E_Cの変化は図4・7，図4・8のようになる．

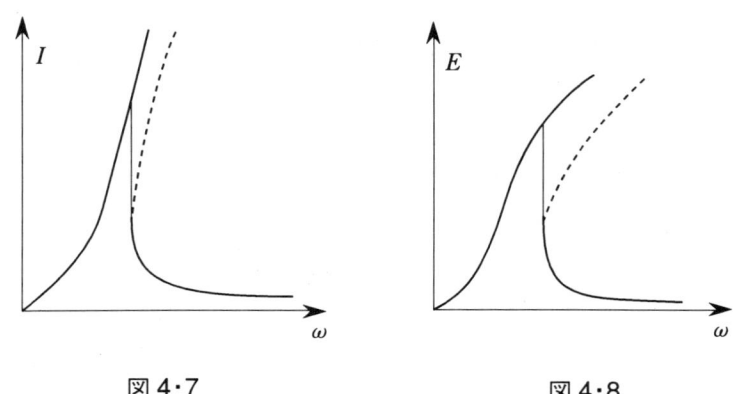

図4・7　　　　　図4・8

注2：ここに示してきた事項を反省してみると，固有周波数によるL，C回路の共振と似ている（ただし，電圧が無限大になるような共振点といったものは存在せず，有限の極限値が存在する．）．そうして鉄心リアクトルを含む回路で生ずるので**直列鉄共振**といわれる現象の理想化された形（回路に抵抗を含んでいない）ということができよう．また電圧や電流が突然に跳躍するので**跳躍現象**といわれる典型的な例であることは3章の概説からわかっていただけよう．

直列鉄共振

跳躍現象

5 直列鉄共振回路

5・1 図式解法（その1）

等価正弦波　　周期解は非線形微分方程式を解くことになり複雑であるから，全て**等価正弦波**で表されるとして図式解法を扱うことにする．

図**5・1**(a)においてE_R, E_L, E_Cはそれぞれ抵抗，鉄心リアクトル，コンデンサの分担電圧を，$\dot{I}$は電流，図(b)はベクトル図を表すものとする．また図**5・2**は各要素の電圧電流特性を示したもので，それぞれ，(R), (L), (C)という符号で示してある．また，実際には巻線抵抗，損失分を考慮しない純粋のE_Lは測定できないので，実測できる鉄心リアクトル電圧をE_L'として，$E_L' = \sqrt{E_R^2 + E_L^2}$と$R$の測定値から$E_R = RI$, $E_L = \sqrt{(E_L')^2 - (RI)^2}$として$E_L$を決定して描いてある．

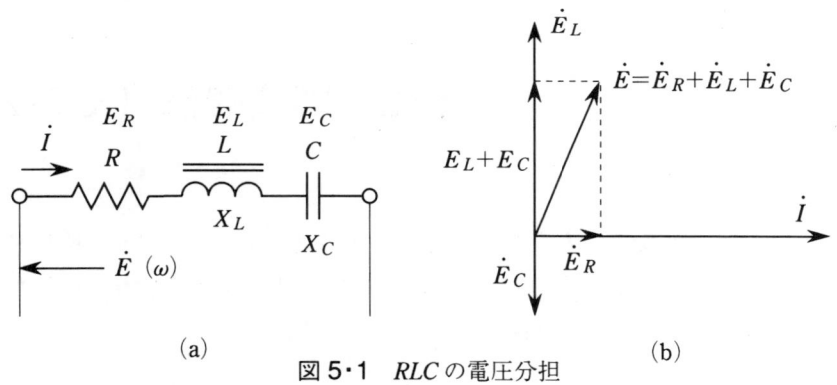

図**5・1** RLCの電圧分担

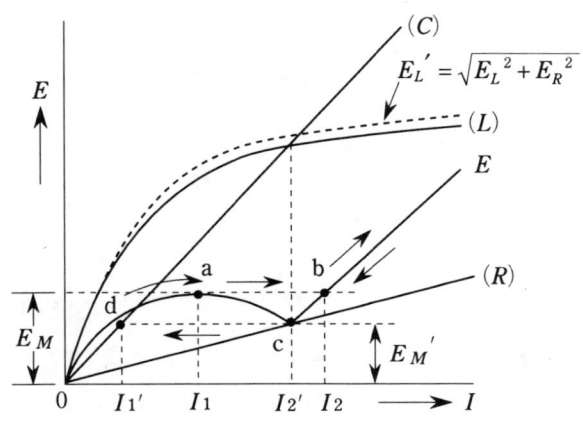

図**5・2**

直列鉄共振回路　　すると図**5・1**の**直列鉄共振回路**の電圧バランスはつぎの式で表される．

$$E = \sqrt{(E_L - E_C)^2 + E_R^2}$$

図5・2の0acb E がこれを示す．E を0から次第に増加すると曲線0dに沿って増加してゆく E が E_M に達するとa点に達し，E が E_M よりわずかに増すとb点まで跳躍する．すなわち $E = E_M$ において電流は I_1 から I_2 に跳躍する．これ以上 E を増加すればbE に沿って単調に電流は増加することになる．

つぎに E を減じてくるときは，b点においては跳躍は見られず，電流はc点までbcに沿って減少してくるが，$E = E_M{}'$ に至ってc点からd点に跳躍する．この電圧において電流は $I_2{}'$ から $I_1{}'$ に急変する．

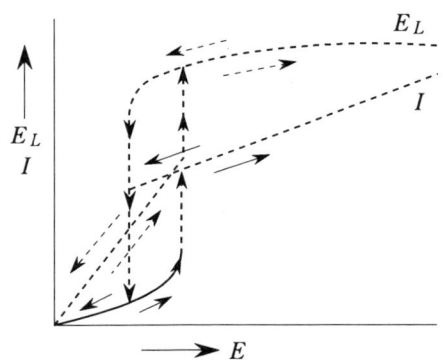

図5・3 直列鉄共振現象

これらの結果を，電圧 E を横軸に，電流 I および E_L を縦軸にとって描き換えてみると図5・3のようになる．このようにある臨界電圧にて電流や電圧が急変する現象が，**直列鉄共振**といわれている現象である．

5・2 図式解法（その2）

図5・1のように鉄心リアクトル L，コンデンサ C，抵抗 R が直列となった回路に対して，図5・4の $(L), (C), (R)$ で示す3特性が与えられたものとする．なお簡単のため (L) 以外は直線であるとしておく．

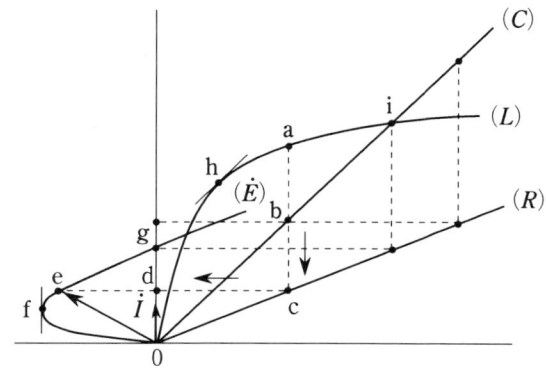

図5・4 印加電圧ベクトルの軌跡

さて図5・4において (L) 曲線上の1点，たとえば点aより矢印の方向にたどり線分 $\overline{de}$ を線分 $\overline{ab}$ に等しくとって得られる点eを順次連ねて，図の $(\dot{E})$ のような曲線を求めれば，これは明らかに回路電流 $\dot{I}$ の向きを正に縦軸の向きとした場合の印加電圧 $\dot{E}$ ベクトルの軌跡にほかならない．ここに電圧電流関係曲線より電圧，電流のベ

5・2 図式解法（その2）

ベクトル軌跡

クトル軌跡を得たわけである．

さらに図の線分 $\overline{\text{de}}$ に比例する線分 $\overline{\text{0d}}$ は $R\dot{I}$ であり，電流 $\dot{I}$ の大きさおよび位相を表す量と考えてよいものである．

つぎに印加電圧 E の変化に対して，どんな電流が通じて平衡状態に達するかを調べるためには，図5・5のように E 円群を描いて $\dot{E}$ 軌跡との交点 abcdefghi などを求めてゆけばよい．

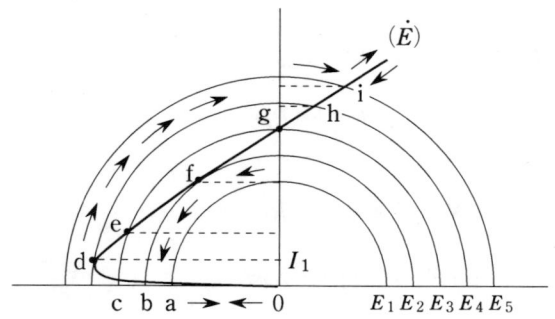

図5・5

これらの点から E_1, E_2, E_3 …に対して電流 I との関係を求めれば図5・6が得られる．

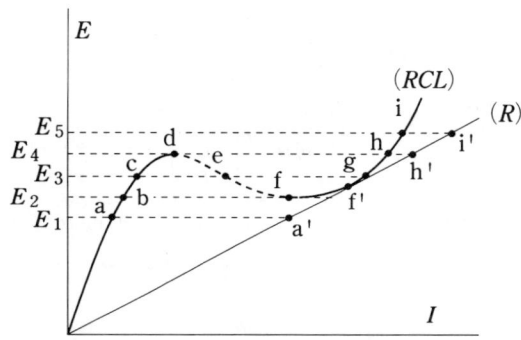

図5・6

さて図5・5で電圧 E_1 では点aにおいて電流 I_1 をとり $\dot{E}$ が $\overleftarrow{\text{0a}}$ なる位置に踏止まることになり平衡可能なのはこの1点のみである．電圧 E_3 の場合は ceg 3点となるが，e は不安定点で実在する平衡点は cg 2点である．

臨界状態

電圧 E_2 の場合はいわゆる**臨界状態**の場合で bf 2点で平衡を得るが点bが安定点，f は $\dot{E}$, $\dot{I}$ の位相差が減少しつつこの点に近づくときは不安定であり，増大しつつこの

不安定点

点にせまる場合は安定という特質があるが結局のところは**不安定点**というよりほかはない．

つぎに電圧 E_4 の場合も一つの臨界状態にあるもので，点hは安定な平衡点であり，点dは点fに準ずべき不安定点である．電圧 E_5 では点iにおいてのみ安定な平衡を得る．

以上を図5・6で結論的にいえば，図5・1の回路の電流は，電圧を順次増加してゆくときは0よりdにたどって急にhに跳びi……に至り，電圧をi以上の点から下げる場合には f までたどり，f から急にbに急下降してしまう．

5・3 図式解法(その3)

図5・1の電圧・電流および各回路定数間の関係式はつぎのように書くことができる．

$$E_2 = (E_L - E_C)^2 + E_R{}^2$$
$$= (E_L - X_C I)^2 + (RI)^2 \tag{5・1}$$

これを書き換えると
$$(E_L - X_C I)^2 = E^2 - (RI)^2$$
$$\therefore E_L = \pm\sqrt{E^2 - (RI)^2} + X_C I \tag{5・2}$$

いま $y = \pm\sqrt{E^2 - (RI)^2}$ とおけば
$$y^2 = E^2 - (RI)^2$$
$$\therefore E^2 = y^2 + (RI)^2$$

これを書き換えれば次式となる．
$$1 = \left(\frac{y}{E}\right)^2 + \left(\frac{RI}{E}\right)^2 = \left(\frac{y}{E}\right)^2 + \left(\frac{I}{\frac{E}{R}}\right)^2 \tag{5・3}$$

楕円 この式は**楕円**を表す方程式である．この関係を描いたのが図5・7の $+E \sim E/R \sim -E$ で示した楕円である．なおこの図で (X_C) で示した直線は横軸と

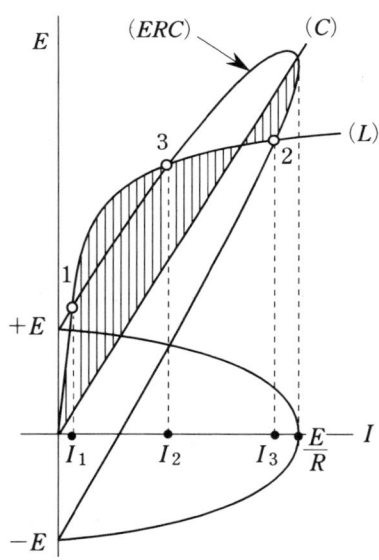

図5・7

$$\tan\gamma = \frac{I}{\omega C} = X_C I$$

なる γ の角度をなす直線である．

この直線と楕円との和，すなわち(5・2)式は図の(ERC)曲線となり，楕円の上半部と下半部に対応して

$$\begin{cases} +X_C I + \sqrt{E^2 - (RI)^2} \\ -\sqrt{E^2 - (RI)^2} + X_C I \end{cases}$$

をとればよいのである．

E_Lは図では(L)曲線で示してあるから，$(5・2)$式を満足するE_L，すなわちこの場合の解は両曲線の交点として1, 2, 3点で与えられる．

5・4　回路特性

印加電圧Eを変える場合は図5・8のようになる．なおこの図は相互関係位置を明らかにするために図5・5，図5・9の諸点と同一符号をとって描いた．

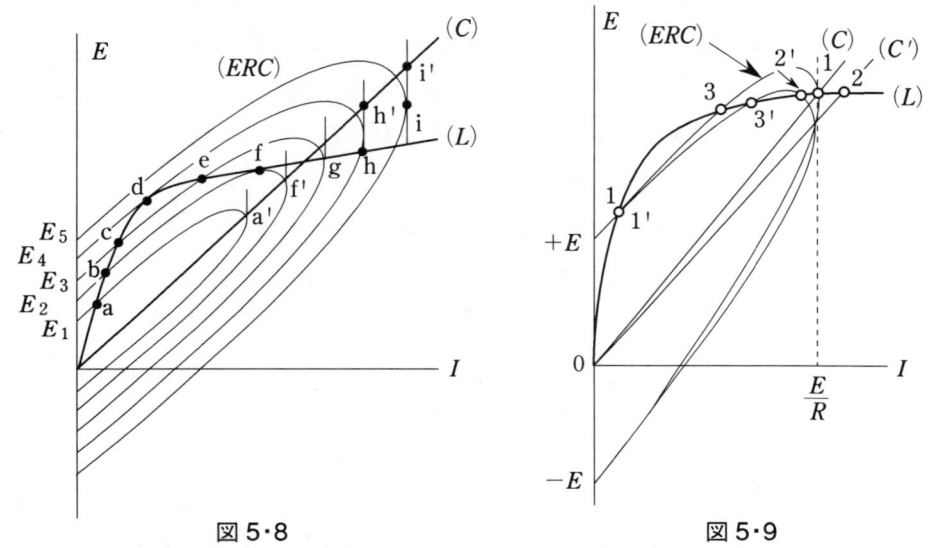

図5・8　　　　　　図5・9

つぎにコンデンサ容量を増減したときの影響であるが，まず容量を増加したとすると，(ERC)曲線は縦軸に平行な値E/Rの点線を接線として時計式に回転する．図5・9点2に対する電流は初め順次増加して遂に最大値に達し，それから減少し始め，極限に至って急激に1に下降する．

また容量を減少したときには電流は1の点にしたがって増加してゆき，前記の場合の値よりもさらに大きい値まで連続的に増してゆく．(ERC)曲線が(L)曲線に接したときが極限で，それから急に点2の電流値に増加する．

抵抗変化の影響は楕円の長軸が変化するから，これから判定できる．抵抗がある程度以上大きくなれば不安定点は存在せず連続的な特性となる．

5・5　安定・不安定と臨界条件

安定点
不安定点
　　図5・7でいえば点1, 2は**安定点**であるが点3は**不安定点**である．いまその理由を考えてみよう．回路の電流の増加ΔIに対して

$$(RI)^2 = E^2 - (E_L - X_C I)^2$$

を曲線 (ERC) の成立を考えながら検討してみる．点1，2では ΔI の増加で $(E_L - X_C I)$ は増加し，右辺全体は減少するから RI は減少しようとする．すなわち考えている電流変化の方向とは逆であってその平衡は安定である．しかし点3では電流変化をさらに助長するように働き，点3には止まり得ない．つまり不安定点となるわけである．つぎに C を変えた場合であるが，(L) 曲線と楕円が上半で交わるときは

$$E_L = +\sqrt{E^2 - (RI)^2} + X_C I$$

で，電流のわずかの変化で Δ 右辺 $< \Delta E_L$ であれば安定，Δ 右辺 $> \Delta E_L$ では不安定である．(L) 曲線と楕円が下方で変わるときはその逆で

$$E_L = -\sqrt{E^2 - (RI)^2} + X_C I$$

で，Δ 右辺 $> \Delta E_L$ で安定である．

また別の見地からいえば点1，2について (L) 曲線と (ERC) 曲線が接線になったときが**臨界状態**で，両曲線が共通接線を持つ点が安定の極限になる．

また図5・6についていえば，**不安定部分**というのは dE/dI が $(-)$ 値をとる範囲であり，跳躍を生ずる臨界条件は $dE/dI = 0$ で表すことができる．したがって**臨界条件**は次式を吟味すればよい．

$$E^2 = (E_L - E_C)^2 + E_R^2 = E_X^2 + E_R^2$$

$$\therefore \quad 2E \frac{dE}{dI} = 2E_X \frac{dE_X}{dI} + 2E_R \frac{dE_R}{dI} = 0$$

$$\therefore \quad E_X \frac{dE}{dI} = -E_R \frac{dE}{dI}$$

〔例3〕 図5・10(a)のような鉄心リアクトル L，コンデンサ C，無誘導抵抗 r を直列にした回路の端子電圧を一定交流電圧 E に保持するとき，これに通ずる電流を図式方式により求めよ．ただし鉄心リアクトルの抵抗は無視するものとし，かつ，鉄心リアクトル L，コンデンサ C および抵抗 R の電圧電流特性は図(b)の (L), (C), (R) のようであるとする．

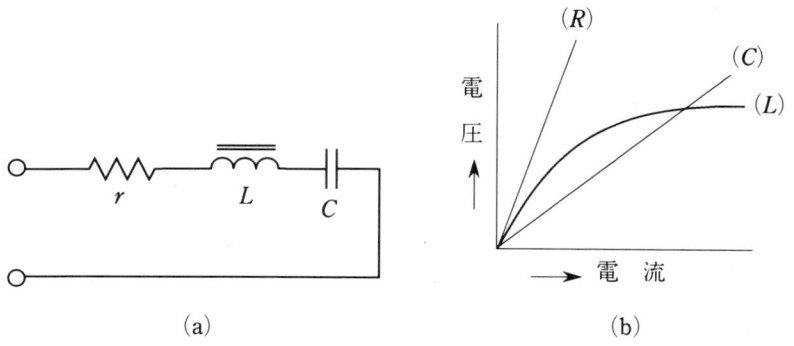

図5・10

〔略解〕 まず通ずる電流を I とし rI 直線を引き，つぎに $\sqrt{E^2 - (rI)^2}$ 曲線を求めてみよう．いまこれを y とすれば

$$y = \sqrt{E^2 - (rI)^2}, \quad y^2 + r^2 I^2 = E^2$$

$$\therefore \left(\frac{y}{E}\right)^2 + \left(\frac{I}{\frac{E}{r}}\right)^2 = 1$$

すなわち y と I との関係は楕円で示され，その中心は原点，Y 軸の長さ E，I 軸の長さ E/r である．これで所要の曲線が図 5・11 のように求まる．

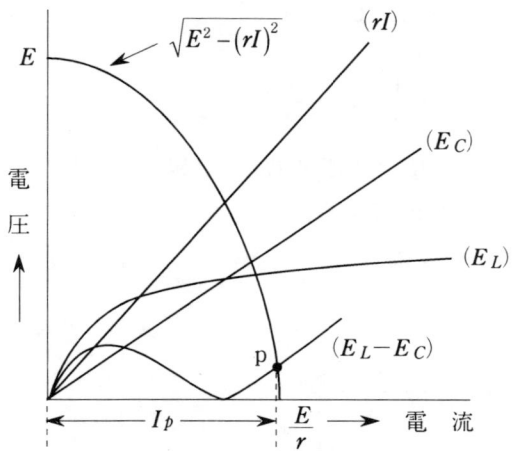

図 5・11 定電圧安定器の特性

つぎに与えられた鉄心リアクトル L，コンデンサ C の分担電圧をそれぞれ E_L，E_C として $(E_L - E_C)$ 曲線を同一図面上に描き，これと先の楕円との交点 p をとれば，この点の I 座標が求める電流 I_p の値である．

注：図 5・11 で (E_L) がほぼ定電圧を維持している点に注意されたい．この (E_L) 端子に負荷すれば，ある程度の定電圧維持特性が期待される．これが，**直列鉄共振形定電圧安定器の原理**である．

直列鉄共振形
定電圧安定器

5・6　三相送電線の1線断線事故と直列鉄共振

例題で説明しよう．

〔例 4〕　図 5・12 (a) のように消弧リアクトル L によって補償されている三相送電線の1線が送電端において断線した場合，各部の電位はほぼどのように変化するか．

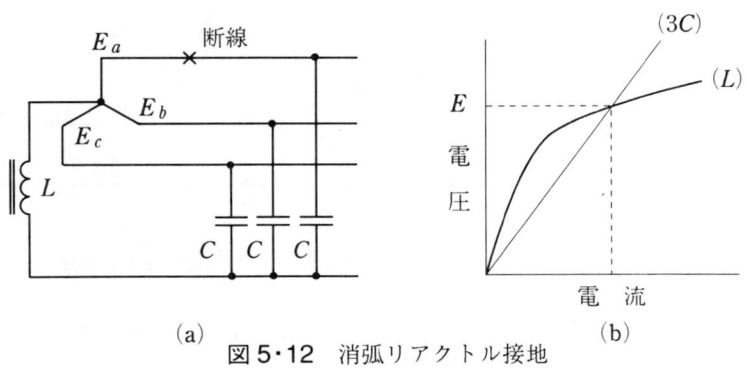

図 5・12　消弧リアクトル接地

5 直列鉄共振回路

ただし電源電圧は対称三相電圧で1相電圧を E，送電線は無負荷で対地静電容量のみを考え，そのほかの定数は無視するものとする．なお L は図(b)のような電圧電流特性を有し，E において線路容量 $3C$ と共振状態にあるものとする．

残留電圧　〔略解〕　各線の対地静電容量を C_a，C_b，C_c とすれば共通点に現れる**残留電圧** $\dot{E}_0$ は

$$\dot{E}_0 = \frac{C_a \dot{E}_a + C_b \dot{E}_b + C_c \dot{E}_c}{C_a + C_b + C_c}$$

題意により $C_a = 0$，$C_b = C_c = C$ とすれば

$$\dot{E}_0 = \frac{C(\dot{E}_b + \dot{E}_c)}{2C} = -\frac{1}{2}\dot{E}_a = -\frac{1}{2}\dot{E}$$

直列共振　この残留電圧のため L と $2C$ とで**直列共振***を起すことになる．（図5・13(a)参照）この直列回路の図式解が図(b)である．

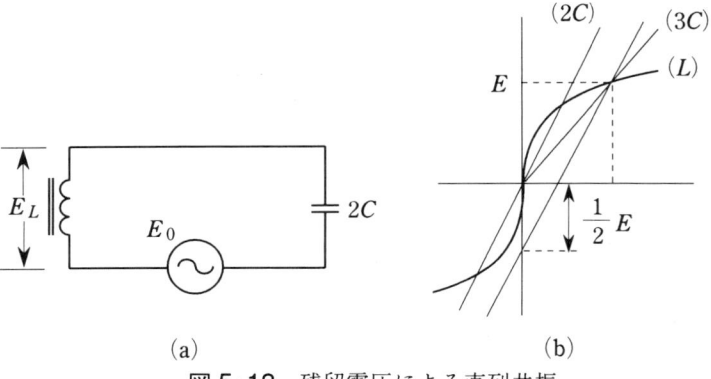

図5・13　残留電圧による直列共振

共通点対地電位　これより判断すれば**共通点対地電位**，したがって各線の対地電位は直列共振により急上昇するが，消弧リアクトル鉄心の飽和のために抑えられ，規定相電圧付近に落ちつくことがわかる．消弧リアクトルにはこのような性質があるので安全に線路につないでおくことができるのである．

注1：もし飽和の影響がなく，線間静電容量などを考慮するときは約2倍の電圧まで達するとされており，消弧リアクトル系統の断線による直列共振と呼んでいる．

注2：図5・14に示す系統では説明は省略するが，等価回路は図5・15(a)(b)のように分

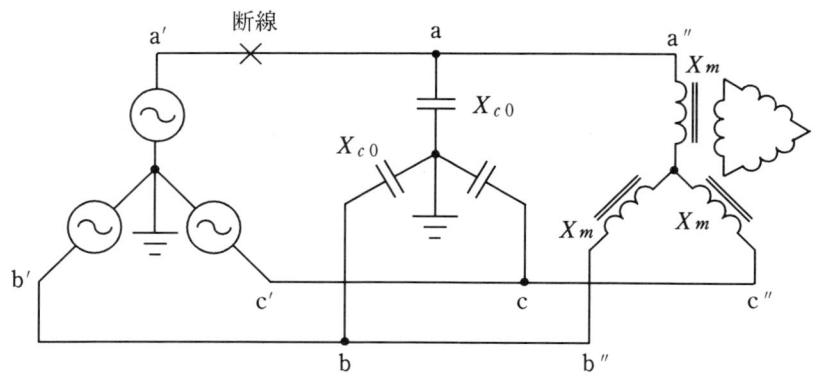

図5・14　無負荷変圧器の直列鉄共振

---

*　1線断線や対地静電容量の不均衡，遮断器・断路器の不揃投入などで生ずる．1線地絡では並列共振となる．

5・6 三相送電線の1線断線事故と直列鉄共振

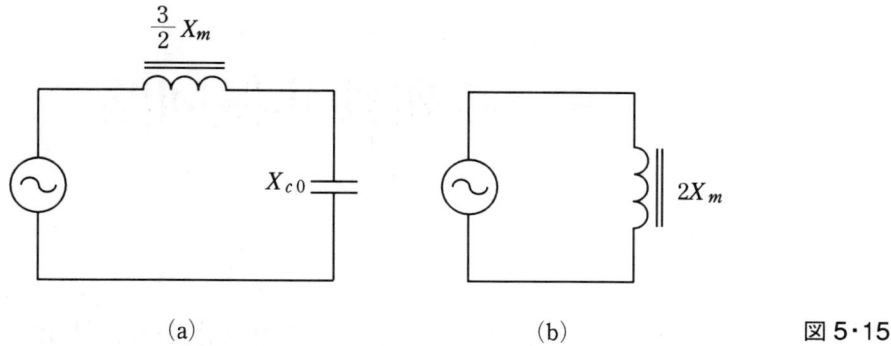

(a)　　　　　　　　　　(b)　　　　　図5・15

けて考えることができ，無負荷の変圧器は鉄心リアクトルとみなせるから，やはり直列鉄共振をおこす可能性があるわけである．もし鉄共振がおこると断線相の変圧器端子，これにつながる線路，変圧器の共通点Nなどの対地電位ははね上って危険な状態になる．

一般の共振では回路の損失がないと共振電圧または電流は無限になるが，鉄共振では回路の損失がなくても共振電圧・電流は飽和のため頭打ちされて無限に大きくはならない．しかしこの場合(図5・14)でも，断線相の変圧器端子電圧は常規対地電圧の3倍程度になり，超高圧の送電系統では3倍でも非常に危険で変圧器や線路の絶縁破壊が考えられる．

注3：長距離の送電線の先に無負荷の変圧器があると，その単相等価回路は図5・16のようになる．ここでX_Lは線路や発電機の誘導リアクタンスで飽和はなく，X_Cは線路の対地容量リアクタンスである．この場合，回路定数によっては第2調波にきわめて近い複雑な振動を発生し，送電不能となることがある．

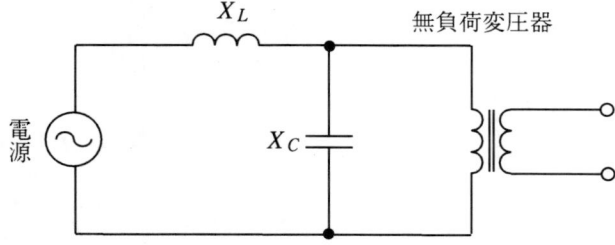

図5・16

6 並列鉄共振回路

6・1　L, C 並列の鉄共振回路

損失を無視した鉄心リアクトルLとコンデンサCの並列に接続された**図6・1**で，一定周波数のいろいろの大きさの電圧を供給する場合を考えてみる．

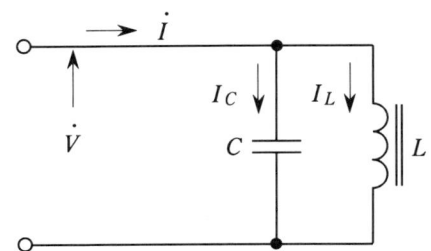

図6・1 LC並列回路の鉄共振

各部の電圧・電流は図示の記号のとおりとすると，ベクトル図は**図6・2**のように描かれる．またL, Cの電圧電流特性は**図6・3**の(L), (C)で与えられているとする．

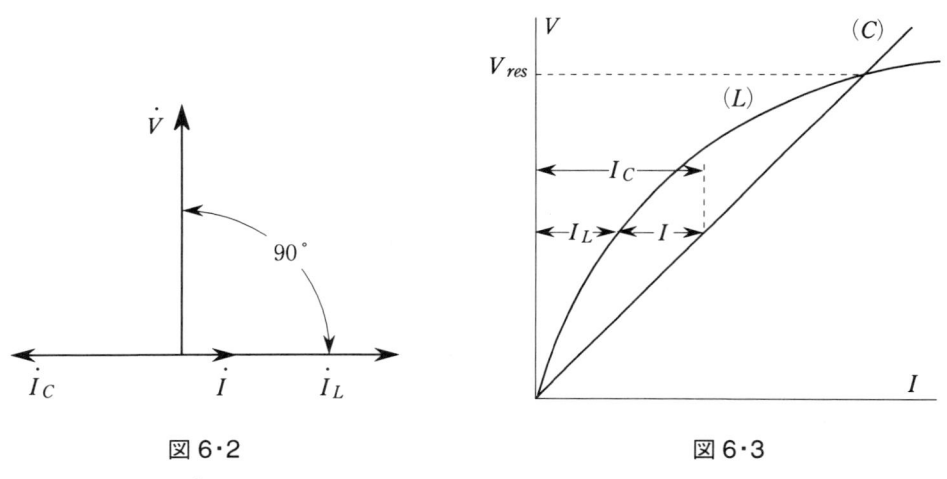

図6・2　　　　　　　　図6・3

すると供給電流$\dot{I}$の大きさは絶対値IについてI_LとI_Cの差に等しい．したがってIはI_CがI_Lより大きいときは進み電流，小さいときは遅れ電流となり，コンデンサCの容量を適当に選ぶことにより，ある電圧V_{res}でI_LとI_Cが等しく$I=0$とすることができる．

したがって印加電圧Vの変化で，このV_{res}を境としてIを遅れ電流にも，進み電流にもできる．この状況は**図6・4**に示す．なお，**図6・3**と**図6・4**はこれを併せて，しばしば**図6・5**のように描かれる．約束さえしっかりしていれば，いずれでも表現でき，説明に都合のよいものを使えばよい．

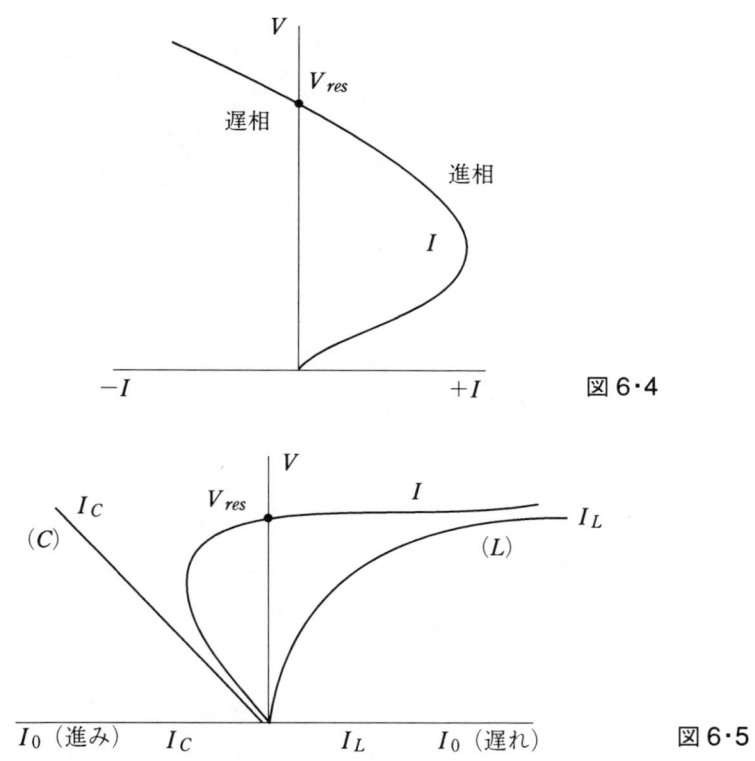

図6・4

図6・5

6・2　$L,\ C,\ R$の並列鉄共振回路（図式解法その1）

図6・6の$L,\ C,\ R$の特性が図6・7の$(L),\ (C),\ (R)$で与えられるものとすると，つぎのようにして**電流軌跡**($\dot{I}$)が求まる．

電流軌跡

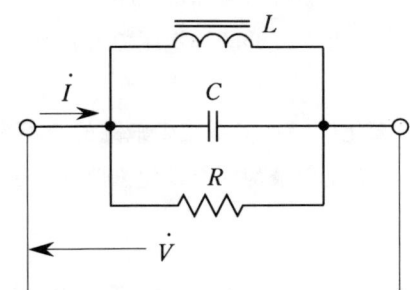

図6・6　LCRの並列鉄共振回路

まず$(L),\ (C)$の交点aでは共振し，回路電流はRに通ずる電流のみであるから，そのときのRの電流値をa→b→rとたどって電流軸に移し，これを$\overline{0r}$とする．これを境として$\dot{i}$は遅れ，進み電流となる．

Vがこれより上昇した場合はたとえば$\overline{cd}$が$L,\ C$並列回路の遅れ電流であり，このときRの電流は$\overline{0f}$であるから，$\overline{cd}$をfより上方$\overline{ef}$に移す．

-29-

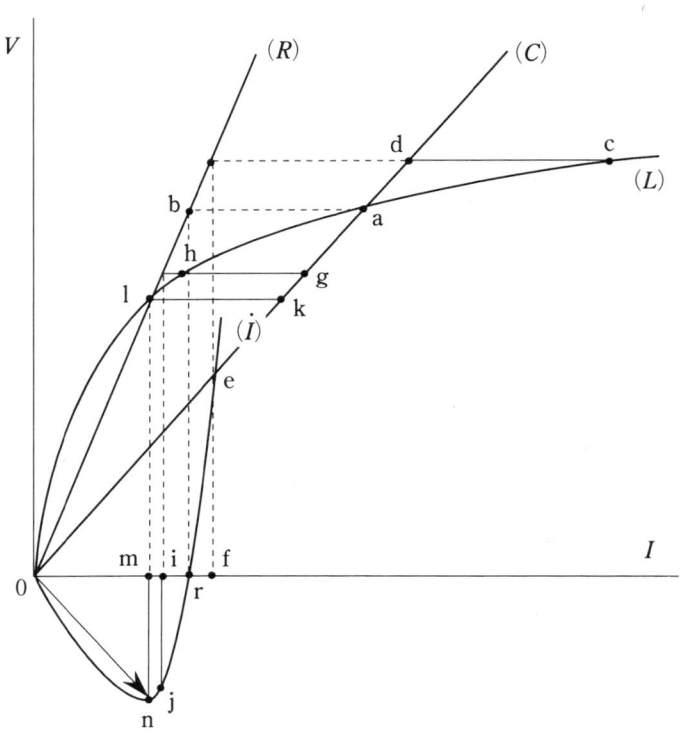

図6·7

V が下がった場合は，L，C 並列回路の進み電流 $\overline{gh}$ を電流軸上でより下方 $\overline{ij}$ に移していき順次これらの線を連ねてゆけばよい．

なお図で，I象限が遅れ電流をIV象限が進み電流を示し，横軸を電圧 V と同相の方向というように変則的にとっていることは明らかであろう．作図を簡単にするために採用したものである．

LCR 並列鉄共振回路

これらの結果から L，C，R 並列鉄共振回路（以下，並列と書く）は，L，R，C の直列鉄共振回路（以下，直列と書く）に比べて，一般につぎのようにいえよう．

(1) 直列では R の比較的大きい場合に不安定点の存在がなくなり，また並列でも R の比較的大きい場合には不安定点が消滅する．
(2) 直列では R の比較的小さい場合に低印加電圧で L や C に高電圧が加えられ，並列では R の比較的大きいとき，低印加電圧でも L や C に大電流が通ずる可能性がある．
(3) 直列の場合は電圧の変化につれて電流の飛躍的な不安定を伴い，並列の場合は電流の変化につれて電圧の飛躍的な変化を伴う．

6·3　L，C，R の並列鉄共振回路（図式解法その2）

〔例5〕　図6·8の鉄心リアクトル L，静電容量 C および抵抗 R の並列回路で，端子に加える電圧を零よりしだいに増加するときの端子に通ずる電流の変化状況を図示せよ．ただし，L，C，R の電圧電流特性は，それぞれ図6·9に示すとおりとする．

6・3　L, C, Rの並列鉄共振回路（図式解法その2）

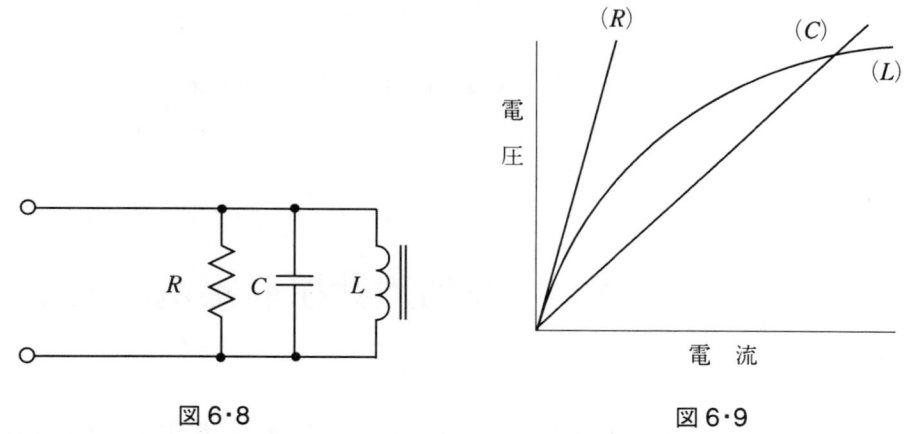

図6・8　　　　　　　　　　　　図6・9

〔解答〕　図6・10において(L)と(C)との間の水平距離（たとえば$\overline{ab}$）はCとLとに通ずる合成電流の大きさを表し，縦軸と(R)との水平距離（たとえば$\overline{cd}$）はRに通ずる電流を表す．

そうしてCとLの合成電流とRに通ずる電流との間には90°の相差角があるから，両者の合成はピタゴラスの定理により求められる．これを図式的に求めればつぎのようになる．

まず図6・10において，$\overline{ab}$を半径としcを中心とする円弧が縦軸と交わる点eを通る水平線とd点を通る垂直線との交点をfとする．

するとcを中心とし，$\overline{cf}$を半径とする円弧がcを通る水平線と交わる点iでは，$\overline{0c}$なる印加電圧に対して端子に通ずる電流を表す．

これを各電圧について順次行い，得たi点に相当する点を順次結べば，この回路の電圧電流特性曲線(T)が得られる．

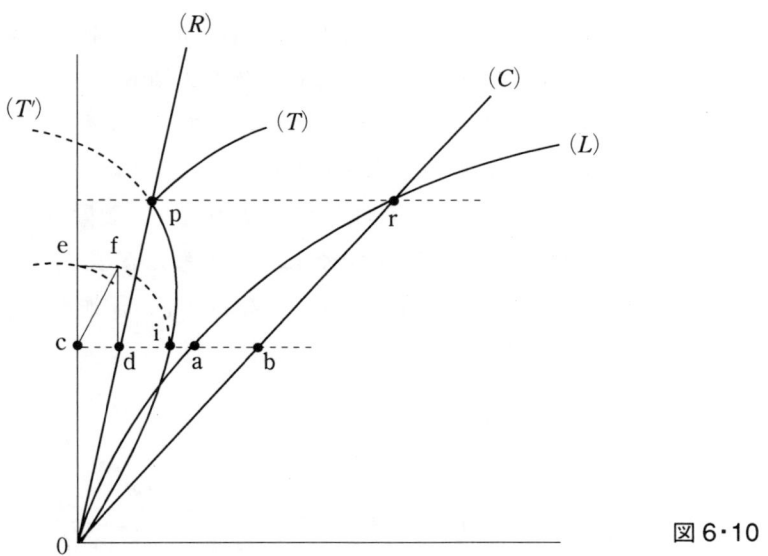

図6・10

注：図6・10において(T)曲線と(C)と(L)とが交わる電圧，つまり(T)のp点にて不連続なように表してある．これは表現上の制限，つまり絶対値は表示し得ても位相角を表現し得なかったための便宜的手段なのである．つまり合成電流は$\overline{pr}$線より上の平面では遅れ電流であり下の平面では進み電流である．そこでいま，p点を境として遅れ電流を図の点線(T')のように示すならば，これはc点を遅れ電流の新たな原点とした

曲線である．それで，(T)のp点以後はこの(T')を点pで折り返して描いたものなのである．

これが(T)曲線を不連続に描いた理由であるが，以上示した事柄は，自然現象として連続のものでも，その表現のしかたによっては，あたかも連続でないように見えるという例である．

6・4　並列鉄共振形定電圧安定器の原理

交流定電圧装置　並列鉄共振を利用して供給電圧の変動を補償する**交流定電圧装置**が使用されているが，ここでその原理を調べよう．基本回路を図6・11に示す．

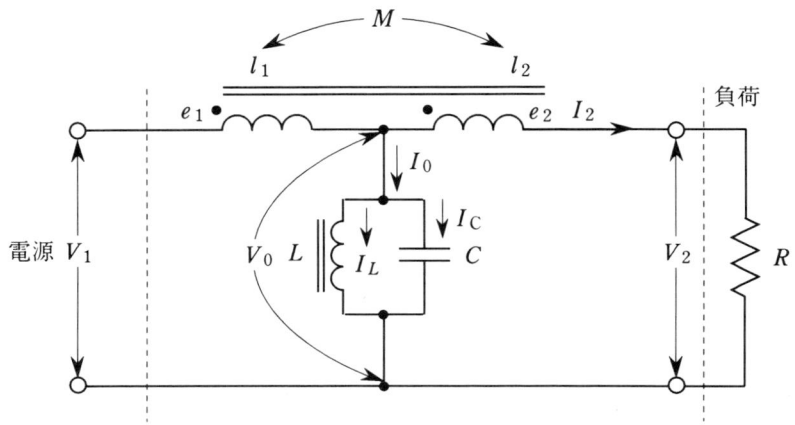

図6・11　交流定電圧回路

図においてL, Cは商用周波数fのある電圧条件で共振する鉄心リアクトルとコンデンサ(の静電容量)，l_1, l_2は同一鉄心の補償リアクトル(後でわかるが不飽和であることを要する)の自己インダクタンスで，両コイルの起磁力は加わり合うように結ばれ，Mはl_1, l_2両コイル間の相互インダクタンスである．

また各部の電圧，電流は図示のとおりとし，装置の損失は無視するものとする．

まず**簡単のため無負荷の場合について考える**と，V_0, I_L, I_C, I_0などとの関係は図6・12の(I_C), (I_L), (I_0)となる．なお以下，記述を簡単にするため下記のように略記号を定めておく．

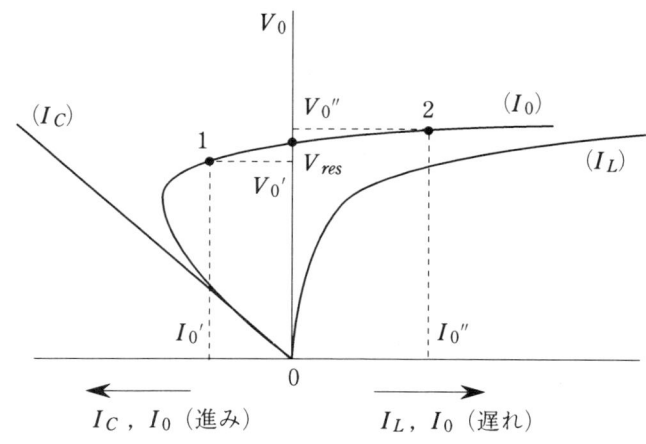

図6・12　無負荷時の特性

6・5 並列鉄共振形定電圧安定器の定電圧条件

$$X_1 = \omega l_1,\ X_2 = \omega l_2,\ X_{12} = \omega M,\ \omega = 2\pi f$$

共振電圧　I_L と I_C が等しければ $I_0 = I_L + I_C = 0$, このときの V_0 の値 V_{res} を**共振電圧**といい, X_1, X_2 および X_{12} での電圧降下は0で, V_1, V_0, V_2 の3者は同一値をとる.

つぎに V_0 が V_{res} より低い V_0' では I_0 は90°進み, 電流 I_0' で, X_1 および X_{12} 中のリアクタンス電圧は I_0' より90°進み (逆にいえば I_0' はリアクタンス電圧から考え90°遅れ) また V_0' は I_0' より90°遅れの図6・13のベクトル図のような関係になる. このときの入力, 出力電圧 V_1', V_2'' は, 図を参照して計算すれば,

$$\left.\begin{array}{l} V_1' = V_0' + X_1 I_0' \\ V_2'' = V_1' + X_{12} I_0' = V_0' + (X_1 + X_{12}) I_0' \end{array}\right\} \quad (6\cdot 1)$$

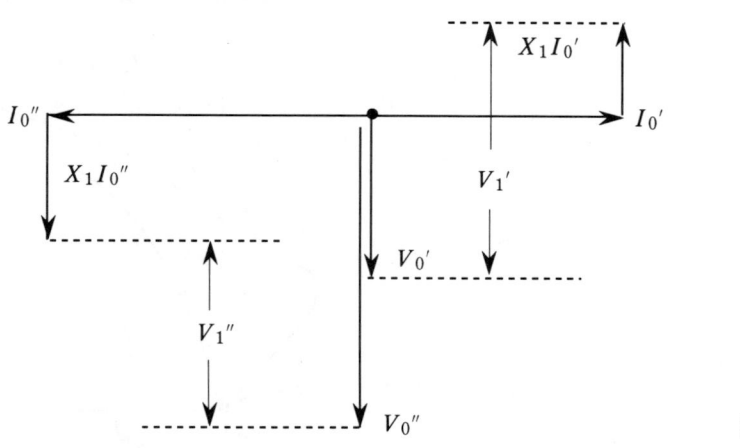

図6・13

また V_0 が V_{res} より高い V_0'' では I_0 は90°遅れ電流 I_0'' で, X_1, X_{12} 中のリアクタンス降下は I_0'' に対し90°進み, V_0'' は I_0'' より90°進みとなり, 図6・13の関係から

$$\left.\begin{array}{l} V_1'' = V_0'' - X_1 I_0'' \\ V_2'' = V_1' - X_{12} I_0'' = V_0'' - (X_1 + X_{12}) I_0'' \end{array}\right\} \quad (6\cdot 2)$$

が得られる.

このように入力電圧 V_1 が低いときは X_1, X_{12} は出力電圧 V_2 を上げるように, V_1 が高いときは下げるように作用しているということができる. すると X_1, X_{12} および L, C の並列共振特性の選び方である範囲内の入力電圧 V_1 の変動に対して出力電圧 V_2 を一定に保つことが可能であることが推定されよう. この条件をつぎの例題で求めよう.

　　注：負荷が誘導性負荷の場合には, 性質が X_1, X_{12} と同様であるから, ほぼ同様に考察でき, 抵抗負荷の場合はやや複雑であるが $V_0 - I_0$ 特性が直線で表される範囲で定抵抗負荷で V_2 は定電圧に維持されることが説明できるが, 専門書にゆずる.

6・5　並列鉄共振形定電圧安定器の定電圧条件

〔例6〕　図6・14のような定電圧装置において, 出力側が開放されているとき, あ

る範囲の入力電圧 V_1 の変動にかかわりなく，出力電圧 V_2 が一定であるためには，回路の定数は，どんな条件を満足しなければならないか．

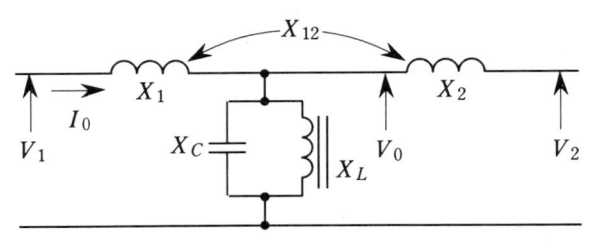

図6·14 定電圧装置

並列共振部の電圧電流特性
共振電圧

〔解答〕 図の並列共振部の電圧電流特性は図6·14を誇張して描けば図6·15の (I_L) (I_C) で示され，これらの合成電流 I_0 すなわち1次側からの電流は $I_C+I_L=I_0$ で，図の (I_0) 曲線で示される．この曲線と電圧軸との交点が**共振電圧 V_{res}** である．

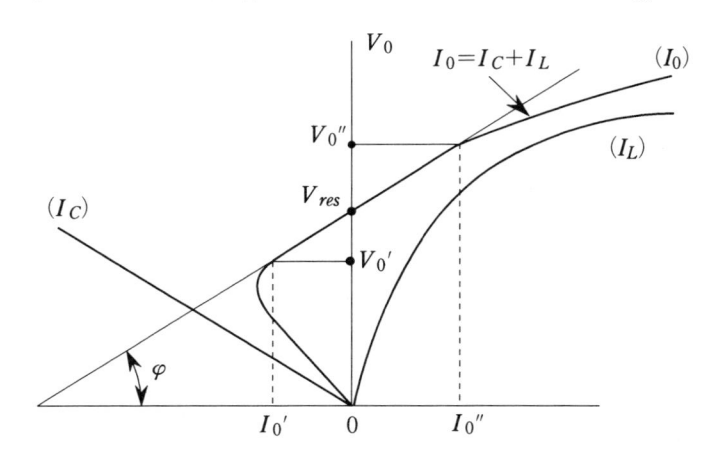

図6·15 並列共振部の電圧電流特性

この V_{res} の近くでは (I_0) 曲線は横軸に対してある傾斜を有する直線で近似できることは図示のとおりである．いまこの直線で近似できる下限，上限を (V_0', I_0')，(V_0'', I_0'') とすれば，直線の傾度は次式で与えられる．

$$\tan\varphi = \frac{V_{res}-V_0'}{-I_0'} = \frac{V_0''-V_{res}}{I_0''} = \frac{V_{res}-V_0}{-I_0} \quad (V_{res} \geq V_0 \text{の場合})$$

電圧分担の方程式

さて**電圧分担の方程式**は

$$V_0 = V_1 - X_1 I_0 = V_{res} + I_0 \tan\varphi$$

$$V_1 - V_0 = X_1 I_0$$

$$V_0 - V_{res} = I_0 \tan\varphi$$

$$\therefore \quad \frac{V_1-V_0}{V_0-V_{res}} = \frac{X_1}{\tan\varphi}$$

$$\therefore \quad V_1 - V_0 = \frac{X_1}{\tan\varphi}(V_0 - V_{res})$$

$$V_1 + \frac{X_1}{\tan\varphi}V_{res} = \frac{X_1}{\tan\varphi}V_0 + V_0 = V_0\left(1 + \frac{X_1}{\tan\varphi}\right)$$

$$\therefore \quad V_0 = \frac{V_1 + \dfrac{X_1}{\tan\varphi}V_{res}}{1 + \dfrac{X_1}{\tan\varphi}}$$

つぎに出力側に現れる電圧 V_2 は

$$V_2 = V_0 - X_{12}I_0 = V_0 - X_{12}\left(\frac{V_0 - V_{res}}{\tan\varphi}\right)$$

$$= V_0\left(1 - \frac{X_{12}}{\tan\varphi}\right) + \frac{X_{12}}{\tan\varphi}V_{res}$$

$$= \frac{V_1 + \dfrac{X_1}{\tan\varphi}V_{res}}{1 + \dfrac{X_1}{\tan\varphi}} - \frac{V_1 + \dfrac{X_1}{\tan\varphi}V_{res}}{1 + \dfrac{X_1}{\tan\varphi}} \cdot \frac{X_{12}}{\tan\varphi} + \frac{X_{12}}{\tan\varphi}V_{res}$$

$$= V_1\frac{1 - \dfrac{X_{12}}{\tan\varphi}}{1 + \dfrac{X_1}{\tan\varphi}} + \frac{X_1}{\tan\varphi}V_{res}\frac{1 - \dfrac{X_{12}}{\tan\varphi}}{1 + \dfrac{X_1}{\tan\varphi}} + \frac{X_{12}}{\tan\varphi}V_{res}$$

$$= V_1\frac{1 - \dfrac{X_{12}}{\tan\varphi}}{1 + \dfrac{X_1}{\tan\varphi}} + V_{res}\frac{\dfrac{X_1}{\tan\varphi} - \dfrac{X_1 X_{12}}{\tan^2\varphi} + \left\{\left(1 + \dfrac{X_1}{\tan\varphi}\right)\dfrac{X_{12}}{\tan\varphi}\right\}}{1 + \dfrac{X_1}{\tan\varphi}}$$

$$= V_1\frac{1 - \dfrac{X_{12}}{\tan\varphi}}{1 + \dfrac{X_1}{\tan\varphi}} + V_{res}\frac{\dfrac{X_1}{\tan\varphi} + \dfrac{X_{12}}{\tan\varphi}}{1 + \dfrac{X_1}{\tan\varphi}}$$

したがって V_1 の変化に関係なく，V_2 が一定値をとるためには，上式第1項が0であればよく，それには

$$1 - \frac{X_{12}}{\tan\varphi} = 0 \quad \therefore \quad X_{12} = \tan\varphi$$

であればよい．このとき V_2 は

$$V_2 = \frac{\dfrac{X_1}{\tan\varphi} + \dfrac{X_{12}}{\tan\varphi}}{1 + \dfrac{X_1}{\tan\varphi}}V_{res} = V_{res}$$

なお負荷を持てば，V_2 は無負荷時よりもやや低下し，定電圧に維持し得る V_1 の範囲がややせまくなる．

6・6　鉄心リアクトル特性を直線近似した場合の近似解法

まず仮定の第1として図6・11の鉄心リアクトル L の電圧電流特性を図6・16の (L) とし，これを $\overline{E_0 E}$ なる直線で代表させるものとする．そうして，この直線の傾きを m としよう．

すると鉄心リアクトル電圧を V_0，その電流を I_L とすれば，その間の関係は損失を無視すればつぎのようである．

6 並列鉄共振回路

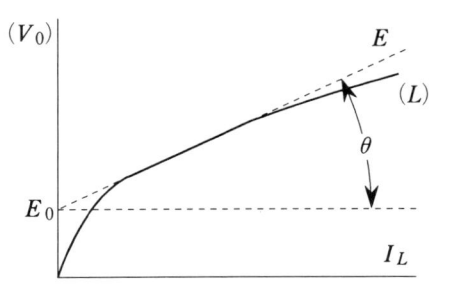

図6・16 鉄心リアクトルの近似特性

$$I_L = -jm(V_0 - E_0)$$
$$m = \cot\theta = \frac{I_L}{(V_0 - E_0)} \qquad V_0 > E_0 \tag{6・3}$$

さて，図6・14の中央部のL, C並列回路については
$$I_0 = I_L + I_C = j\omega CV_0 - jm(V_0 - E_0)$$
$$= j\{mE_0 - (m - \omega C)V_0\} \tag{6・4}$$
$$V_1 = V_0 + e_1 = E_1 + j\omega l_1(I_1 + I_2) + j\omega MI_2$$
$$= V_0\{1 - \omega l_1(\omega C - m)\} - \omega l_1 mE_0 + j\omega(l_1 + M)\frac{V_2}{R} \tag{6・5}$$
$$V_2 = V_0 - e_2 = V_0 - j\omega M(I_1 + I_2) - j\omega l_2 I_2$$

または
$$V_2\left\{1 + j\omega(l_2 + M)\frac{1}{R}\right\} = V_0\{1 + \omega M(\omega C - m)\} + \omega mME_0 \tag{6・6}$$

(6・5)式より
$$V_0 = \frac{V_1 + \omega l_1 mE_0 - j\omega(l_1 + M)\frac{V_2}{R}}{\{1 - \omega l_1(\omega C - m)\}} \tag{6・7}$$

(6・7)式を(6・6)式に代入し，かつ，$l_1 + l_2 + 2M = l_0$, $l_1 l_2 = M^2$ とおけば
$$V_2\left[\{1 - \omega l_1(\omega C - m)\} + j\frac{\omega l_0}{R}\right]$$
$$= \{1 + \omega M(\omega C - m)\}V_1 + \omega m(l_1 + M)E_0 \tag{6・8}$$

(6・8)式において，もし
$$1 + \omega M(\omega C - m) = 0 \tag{6・9}$$

が満足されるときはV_2はV_1に無関係とすることが期待できる．なお，以上のように，l_1, l_2, Mは線形であり，(6・9)式の条件に重要な影響をおよぼすので，空心あるいはエアギャップ入不飽和リアクトルでなければならない．

6・7　並列鉄共振形定電圧安定器

(1) 回路と計算式

一般に使われている回路は並列共振回路の鉄心リアクトルにタップを設けて飽和

6・7 並列鉄共振形定電圧安定器

単巻変圧器　度を高くとった**単巻変圧器**とし図6・17のような構成としたものである．諸記号は図のように定め，単巻変圧器Tの励磁電流を$\dot{I}_A$とすると，$\dot{V}_0$を基準にとった電流の関係式は

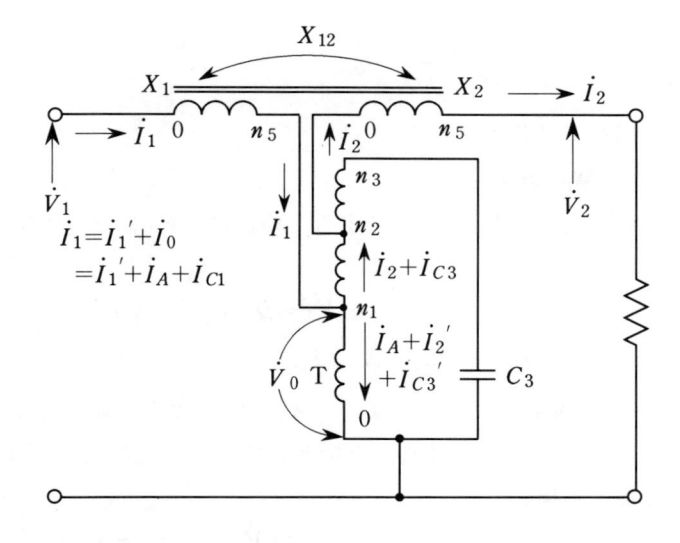

図6・17

$$\dot{I}_1 = \left(\dot{I}_2 + \dot{I}_2'\right) - j\dot{I}_A + j\left(\dot{I}_{C3} + \dot{I}_{C3}'\right)$$

$$= \left(\dot{I}_2 + \frac{n_2 - n_1}{n_1}\dot{I}_2\right) - j\dot{I}_A + j\left(\dot{I}_{C3} + \frac{n_3 - n_1}{n_1}\dot{I}_{C3}\right)$$

$$\dot{I}_1 = \frac{n_2}{n_1}\dot{I}_2 - j\dot{I}_A + j\frac{n_3}{n_1}\dot{I}_{C3}$$

$$= \dot{I}_1' - j\dot{I}_A + j\dot{I}_{C1} = \dot{I}_1' + \dot{I}_0$$

ここに　$\dot{I}_1' = \dfrac{n_2}{n_1}\dot{I}_2 = a\dot{I}_2, \quad a = \dfrac{n_2}{n_1}$

$$\dot{I}_0 = -j\dot{I}_A + j\dot{I}_C = -j\dot{I}_A + j\frac{n_3}{n_1}\dot{I}_{C3}$$

つぎに電圧の関係は
$$\dot{V}_1 = jX_1\dot{I}_1 + jX_{12}\dot{I}_2 + \dot{V}_0$$

この式に$\dot{I}_1 = \dot{I}_1' + \dot{I}_0 = a\dot{I}_2 + \dot{I}_0$の関係を入れれば
$$\dot{V}_1 = \dot{V}_0 + jX_1\dot{I}_0 + j(aX_1 + X_{12})\dot{I}_2$$

$I_2 = 0$，すなわち無負荷時のV_1をV_1'と書けば
$$\dot{V}_1' = \dot{V}_0 + jX_1\dot{I}_0$$

$$\therefore \quad \dot{V}_1 = \dot{V}_1' + j(aX_1 + X_{12})\dot{I}_2$$

つぎに$\dot{V}_2$を求めるため，まずn_2端子の電圧E_2を求めると
$$\dot{E}_2 = \dot{V}_0 + \frac{n_2 - n_1}{n_1}\dot{V}_0 = \frac{n_2}{n_1}\dot{V}_0 = a\dot{V}_0$$

$$= \dot{Z}\dot{I}_2 + jX_2\dot{I}_2 + jX_{12}\dot{I}_1 = \left(\dot{Z} + jX_2 + jaX_{12}\right)\dot{I}_2 + jX_{12}\dot{I}_0$$

いま
$$\dot{V}_2' = \dot{E}_2 - jX_{12}\dot{I}_0 = a\dot{V}_0 - jX_{12}\dot{I}_0 = (\dot{Z} + jX_2 + jaX_{12})\dot{I}_2$$

6 並列鉄共振回路

とおいてみると，$\dot{E}_2, \dot{I}_2, \dot{V}_2$ は
$$\dot{E}_2 = \dot{V}_2' + jX_{12}\dot{I}_0,$$
$$\dot{V}_2 = \dot{I}_2 Z$$

$$\dot{I}_2 = \frac{\dot{V}_2'}{Z + jX_2 + jaX_{12}}$$

として諸量の計算ができる．

(2) 定電圧条件

以上の諸式から V_2 を一定にするためには，V_2' を一定にすることが必要なことがわかる．
$$\dot{V}_2' = a\dot{V}_0 - jX_{12}\dot{I}_0 = a(\dot{V}_1' - jX_1\dot{I}_0) - jX_{12}\dot{I}_0$$
$$= a\dot{V}_1' - j(aX_1 + X_{12})\dot{I}_0$$

もし $\dot{V}_1'$ が変わっても $-j(aX_1 + X_{12})\dot{I}_0$ の変化によって合算して一定ならば条件を満足する．そうして $\dot{I}_0$ は共振を境として進み，遅れ電流と変わるから

進み電流の場合
$$a\dot{V}_1' - j(aX_1 + X_{12}) \times j\dot{I}_{C1}' = a\dot{V}_1' + (aX_1 + X_{12})\dot{I}_{C1}'$$

遅れ電流の場合
$$aV_1' - j(aX_1 + X_{12}) \times (-j\dot{I}_A') = a\dot{V}_1' + (aX_1 + X_{12})\dot{I}_A'$$

となって，ちょうど6・4の(6・1)(6・2)両式と同様の内容の式が得られる．

したがって，共振回路および X_1, X_{12} を選ぶことにより定電圧維持を期待できることがわかる．

さて V_2 を一定にするためには V_2' を一定にすればよいから，$\dot{V}_2' = a\dot{V}_0 - jX_{12}\dot{I}_0$ において $d\dot{V}_2'/d\dot{V}_0$ を考え，これを0とおいてみよう．

$$\frac{d\dot{V}_2'}{d\dot{V}_0} = a - jX_{12}\frac{d\dot{I}_0}{d\dot{V}_0} = a - jX_{12}\left(-j\frac{d\dot{I}_A}{d\dot{V}_0} + j\frac{d\dot{I}_{C1}}{d\dot{V}_0}\right)$$

$$= a - \frac{X_{12}}{\dfrac{d\dot{V}_0}{d\dot{I}_A}} + \frac{X_{12}}{\dfrac{d\dot{V}_0}{d\dot{I}_{C1}}}$$

$$= a - \frac{X_{12}}{X_L} + \frac{X_{12}}{X_{C1}} = 0$$

ただし　$X_{C1} = d\dot{V}_0/d\dot{I}_{C1}$；$n_1$ 端子から見た等価容量リアクタンス
　　　　$X_L = d\dot{V}_0/d\dot{I}_{A1}$；飽和部分の微分リアクタンス

前式を書き換えれば
$$aX_L - X_{12}\left(1 - \frac{X_L}{X_{C1}}\right) = 0$$

となり，これが定電圧条件となる．なお X_L は飽和特性の飽和直線部の傾度でもあることはすでにおわかりであろう．

(3) 諸定数の選定

参考のために多くの実験，経験や近似解法などによって得られている諸定数の数値について示しておく．

(イ) **鉄心リアクトル電圧 V_0**　鉄心の飽和特性を2直線で近似し，折点に相当する磁束密度を B_r とするとき，使用電圧は $\sqrt{2}B_r$ 相当の電圧を中心に選定する．

(ロ) **共振電圧 V_{res}**　昇圧タップを用いないときは1次定格電圧 V_{1s} に選ぶ．このとき B_r に相当する電圧 $V_r = V_{1s}/\sqrt{2} = 0.707V_{1s}$ がスタビライズする電圧の最低限度となるはずである．昇圧タップを設けるときはスタビライズしなければならない最低1次電圧に選んでいる．

(ハ) 共振点における鉄心リアクトル励磁電流 I_A　定格出力電流を I_{2s} とするとき，$2 \sim 3 I_{2s} = I_A$．

(ニ) コンデンサ側昇圧巻数 n_3　巻数 n_1 で V_0 と共振を生ずべきコンデンサを C_1，昇圧側で実際にそう入するコンデンサ容量を C_3 とするとき $n_3 = n_1\sqrt{C_1/C_3}$．

(ホ) 不飽和リアクトルの X_1, X_2, X_{12}　抵抗負荷 R では，$X_1 < X_{C1}$ で，しかも $X_1 \simeq X_{C1}$ または $X_1 = 0.45R$，$X_{12} = X_1/(3 \sim 4)$，また X_2 は $n_4/n_5 = 3 \sim 4$ から目安をつける．

なお必要な出力電圧の値への調整はタップによるよりも，鉄心リアクトルの成層鉄板を1枚，2枚と増減して加減した方が結果を得るのが早い．

6・8　計器用変圧器の中性点異常現象

中性点を接地したYY接続の計器用変圧器や電力用変圧器が非接地系統に接続される場合には，**並列鉄共振**での不安定性のために，中性点が移動または反転したり（基本周波数 f にて），振動したり（$f/2, 2f, 3f$）することがある．以下これについて原理的な事柄を示しておこう．

(1) 単相回路

図6・18(a)のような回路を考え，この C および t の並列回路の電圧電流特性は**図6・19**のようであったとしよう．普通の場合は**図6・18**(b)のように中性点は供給電圧の中点にあって，**図6・19**では0A領域にあって安定である．

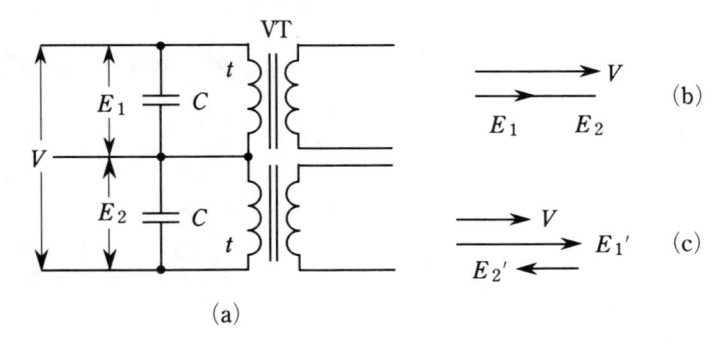

図6・18　単相VT回路

ところが回路に突然，電圧を加えると過渡状態中に電圧 E_1 と E_2 に不平衡を生じて，たとえば E_1 がAB領域にくると，この領域は電圧の上昇で電流が減少する不安定領域であるため，さらにBD領域においやられ，結局，図6・19の E_1', E_2' でバラ

6 並列鉄共振回路

ンスするようになる．このとき，E_1'はV_0よりも大きく，E_2'は負になり，図6·18(c)に示したような状態となる．つまりこの際，一方のVTは誘導性，他方のVTは容量性の回路として動作しているわけで，変成比は変わらないが二次出力値が変わってくるわけである．これらの現象を計器用変圧器の**中性点反転現象**，不安定現象とよんでいる．

中性点反転現象

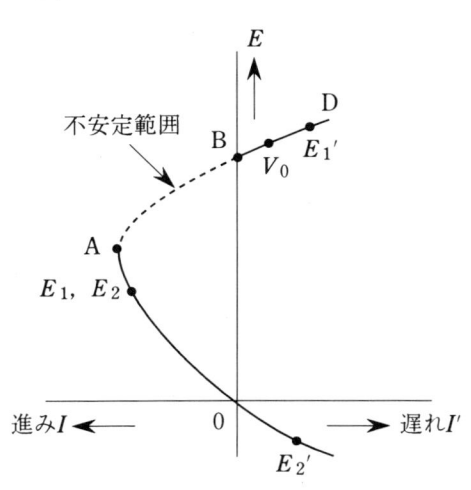

図6·19 並列回路の電圧電流特性

(2) 三相回路

計器用変圧器をYY接続した回路で中性点が接地されていると，各相は対地容量を持つため，単相回路と同様の関係になる．図6·20でE_1，E_2がABの領域，E_3が0Aの領域で動作するときには，E_1'，E_2'，E_3'の関係は図6·21のようになる．すなわち**中性点電圧**はベクトル三角形の外部に出てしまう．

中性点電圧

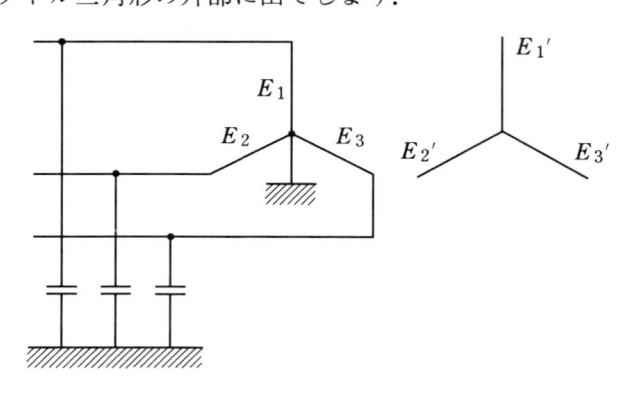

図6·20 YY接続のVT回路

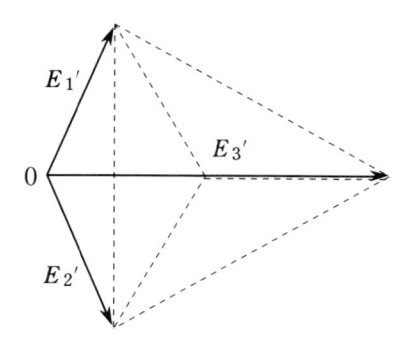

図6·21

零相電圧 また2次が△接続であれば開放△時の電圧（普通にいう**零相電圧**）は非常に大きな値となる．

(3) 対　策

以上の異常現象のためVTの絶縁がおびやかされ，うなりを生じ，計器の指示が不安定になり，継電器が誤動作することになる．

これを防ぐにはVTの磁束密度を低くとるとか，適当な2次負担（50～100 VA）を制動用に入れるなどの手段がとられている．

6・9　配電線の中性点不安定現象

電力系統中には発電機，変圧器，電動機，VT，消弧リアクトルなど鉄心入りコイルがあり，一方，静電容量も進相用あるいは直列コンデンサとして，また電線の対地・線間静電容量が必ず存在しており，これらが**鉄共振現象**の原因となるわけで，つぎに主な例をあげてみよう．

(1) 中性点を直接接地したVTまたは無負荷変圧器に中性点不安定現象．
(2) 変圧器の二次側負荷遮断，または無負荷変圧器投入による鉄共振．
(3) 消弧リアクトル系統における中性点不安定現象（5・6参照）．
(4) 断線故障時の直列鉄共振（5・6参照）．
(5) 直列コンデンサを通して無負荷変圧器が投入された場合の直列鉄共振．

これらのうち配電線の**中性点不安定現象**について説明しよう．非接地配電線の場合，**零相電圧**を取り出すために1次をY接続して，中性点を接地し，2次を開放Δに接続した図6・22(a)のような回路が用いられている．この等価回路は図(b)のように並列鉄共振回路を形成するので，地絡など電気的ショックを受けると計器用変圧器の場合と同様に中性点不安定現象を起こすことがある．

このような現象は，配電線のVTに限らず等価回路が図(b)で表される場合は同様のことがいえる．

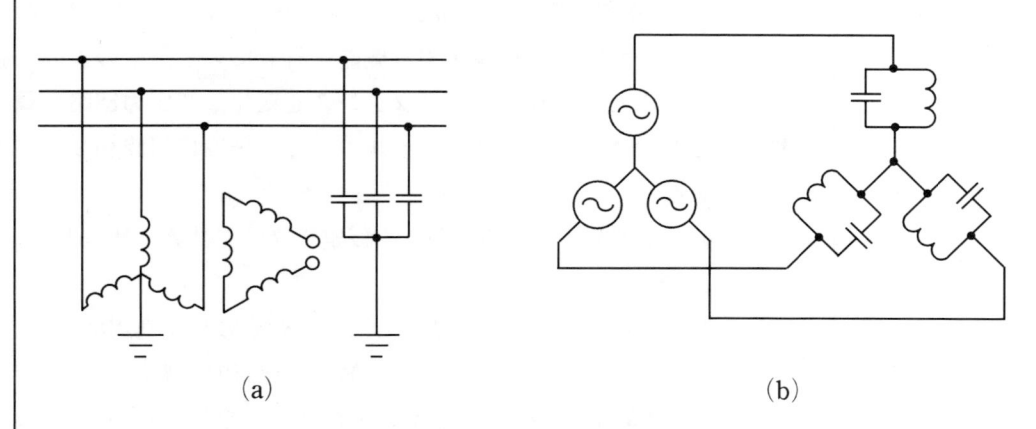

欄外: 鉄共振現象 / 中性点不安定現象 / 零相電圧

図6・22　配電線の中性点不安定現象

注：電力系統における鉄共振の害，益はかなりあるものである．たとえば，不減衰電気振動，誘導電動機の逆転現象，同期発電機の自己励磁現象，自己励磁誘導発電機などの問題がある．これらについては記すことができなかったが，いずれにしても高度の内容のものであるので専門書にゆずることにする．

7 可飽和リアクトル

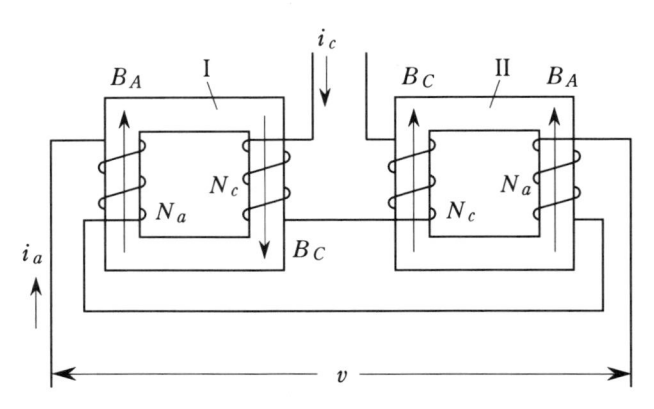

7・1 可飽和リアクトル

可飽和リアクトル

図7・1に**可飽和リアクトル**の構成の一例を示す*. 鉄心は図では内鉄形として描いてあるが，方向性けい素鋼帯を巻鉄心やカット・コアとしたものも使われる**. しかし，ここでは，変圧器などに使われるけい素鋼板を用いるものを対象として考えてゆこう.

図7・1 可飽和リアクトルの構成

巻線は記号（巻数もあわせて表すものと約束する）で示したように N_a, N_c を用意するが, N_c に**直流制御電流**を通じ出力巻線あるいは交流巻線 N_a の分担する交流電圧を加減して，回路電流を調節する機能を有している. このように独立した**制御磁化力**を与えることにより，インダクタンスを変化して出力回路の電圧・電流特性を**調整することのできる鉄心リアクトル**のことを一般に**可飽和リアクトル**といっているようである.

直流制御電流

以下，動作を理解するためにつぎの仮定を設けて計算を試みよう.

(1) 仮 定

簡単のため，(i) 印可電圧は正弦波とし，各鉄心の交流巻線はその1/2ずつを正弦波のまま分担する. (ii) リアクトルは電気的にも磁気的にも鉄心 I, II でまったく対称とし，(iii) 交直両巻線の抵抗，空心インダクタンスを無視し，(iv) 鉄心は残留磁気，鉄損，磁束の漏れなく，磁束分布は鉄心断面で均等とし，(v) 磁化力 H と磁束密度 B の関係，すなわち磁化曲線は

---

* 回路形式と鉄心の構成，巻線の施し方にはいろいろあるが，ここには代表して直列形を示した.

** 原則的には角形ヒステリシス磁化特性を有する鉄心の方が好ましい.

$$H = aB + b^3B + cB^5 \tag{7·1}$$

ここに a, b, c は定数, という形で表されるものとする.

(2) 鉄心内の磁束変化

鉄心 I, II の有効断面積を A, 磁束を B_1, B_2, 印加正弦波を $v = E_m \cos\omega t$ (E_m;最大値, $\omega = 2\pi f$, f;周波数, t;時間) とすれば次式が成り立つ.

$$v = E_m \cos\omega t = N_a A \frac{d(B_1 + B_2)}{dt} \tag{7·2}$$

起磁力 つぎに**起磁力**であるが, 鉄心平均磁路長を l, 鉄心 I, II に作用する磁化力を H_1, H_2, 交流磁化力を h_a, 直流磁化力を h_c, 交直電流瞬時値を i_a, i_c とすれば

$$\left. \begin{array}{l} i_a N_a + i_c N_c = l(h_a + h_c) = lH_1 \\ i_a N_a - i_c N_c = l(h_a + h_c) = lH_2 \end{array} \right\} \tag{7·3}$$

(7·2)式から $(B_1 + B_2)$ の変化は正弦変化であり, 仮定により, 鉄心 I, II の磁束もまた正弦変化をするから (7·3)式に対応してつぎのように書くことができる.

$$\left. \begin{array}{l} B_1 = B_A \sin\omega t + B_C \\ B_2 = B_A \sin\omega t - B_C \end{array} \right\} \tag{7·4}$$

ここに B_A; 正弦変化分の磁束密度大値
B_C; 一定磁束密度

(3) 波 形

磁束変化 このような**磁束変化**を生ずるための各鉄心の磁化力 H_1, H_2 を求めるには (7·4)式を (7·1)式に代入し, 運算上現れてくる $\sin^n \omega t$ 項については級数に展開し, 省略を行って,

$$\left. \begin{array}{l} \sin^2 \omega t = \dfrac{1}{2} - \dfrac{1}{2}\cos 2\omega t \\[4pt] \sin^3 \omega t = \dfrac{3}{4}\sin\omega t - \dfrac{1}{4}\sin 3\omega t \\[4pt] \sin^4 \omega t = \dfrac{3}{8} - \dfrac{1}{2}\cos 2\omega t + \dfrac{1}{8}\cos 4\omega t \\[4pt] \sin^5 \omega t = \dfrac{5}{8}\sin\omega t - \dfrac{5}{16}\sin 3\omega t + \dfrac{1}{16}\sin 5\omega t \end{array} \right\} \tag{7·5}$$

を用いればつぎのように求められる.

$$\left. \begin{array}{l} H_1 = h_0 + h_1 \sin\omega t - h_2 \cos 2\omega t + h_3 \sin 3\omega t - h_4 \cos 4\omega t + h_5 \sin 5\omega t \\ H_2 = -h_0 + h_1 \sin\omega t + h_2 \cos 2\omega t + h_3 \sin 3\omega t + h_4 \cos 4\omega t + h_5 \sin 5\omega t \end{array} \right\} \tag{7·6}$$

$$h_0 = aB_C + bB_C^3 + cB_C^5 + \frac{3}{2}bB_A^2 B_C + \frac{15}{8}cB_A^4 + 5cB_A^2 B_C^3 \qquad \text{定常項}$$

$$h_1 = aB_A + \frac{3}{4}bB_A^3 + \frac{5}{8}cB_A^5 + 3bB_A B_C^2 + \frac{15}{2}cB_A^3 B_C^2 + 5cB_A B_C^4 \qquad \text{基本波}$$

$$h_2 = \frac{3}{2}bB_A^2 B_C + \frac{5}{2}cB_A^4 B_C + 5cB_A^2 B_C^3 \qquad \text{第2調波}$$

$$h_3 = -\frac{1}{4}bB_A^3 - \frac{5}{16}cB_A^5 - \frac{5}{2}B_A^3B_C^2 \qquad \text{第3調波}$$

$$h_4 = -\frac{5}{8}cB_A^4B_C \qquad \text{第4調波}$$

$$h_5 = \frac{1}{16}cB_A^5 \qquad \text{第5調波}$$

また h_a, h_c などはつぎのように前式から演算される．(7·3) 式から

$$i_bN_a = \frac{lH_1 + lH_2}{2}$$

$$\therefore h_a = \frac{i_aN_a}{l} = \frac{H_1 + H_2}{2} \qquad (7·7)$$

$$i_cN_c = \frac{iH_1 - lH_2}{2}$$

$$\therefore h_c = \frac{i_cN_c}{i} = \frac{H_1 - H_2}{2} \qquad (7·8)$$

以上要するに，(イ)高調波成分は磁化曲線のわん曲に関する定数 a, b が値を有するときに表れ，(ロ)偶数調波成分は直流励磁がなければ $(B_C = 0)$ 現れず，直流励磁の方向(極性)が変われば位相を180°変える．(ハ) h_a または i_aN_1 は奇数調波を含み，その大きさは B_A を同じ値に保つならば，B_C を含む項の分だけ直流を通じない場合よりも大きくなる．(ニ) h_c または i_cN_c は平滑な平流分のみでなく偶数調波を含むことになる．

<u>偶数調波成分</u>　　この**偶数調波成分**は交番磁束によって磁化特性の非直線性に由来して誘導された
<u>拘束磁化状態</u>　ものに違いないが，これが制御回路中で阻止されると(これを**拘束磁化状態**，また偶
<u>自由磁化状態</u>　数調波が自由に通じ得る状態を**自由磁化状態**という)，上の計算過程から明らかなとおり，鉄心内の磁束変化はひずんで正弦波ではなくなる．そうしてI，II鉄心において互いに180°位相を異にする偶数調波を含む磁束波となり各リアクトル分担電圧もひずんでくるが，両交流巻線端子でみれば打消されるようになる．

<u>磁気増幅特性</u>　(4) **交直流磁化特性と磁気増幅特性**

h_a や h_c から実効値や平均値を求めて指示計器で測定できる関係にして表すことができる．図7·2は前記の計算式での計算結果と実験値の比較の一例で，H_A は実効値をとり，B_A は，V を電圧実効値として

$$B_A = \frac{\sqrt{2}V \times 10^8}{\omega N_aA} = \frac{V \times 10^8}{4.44fN_aA} \quad [\text{ガウス}]$$

で換算してある．

7·1 可飽和リアクトル

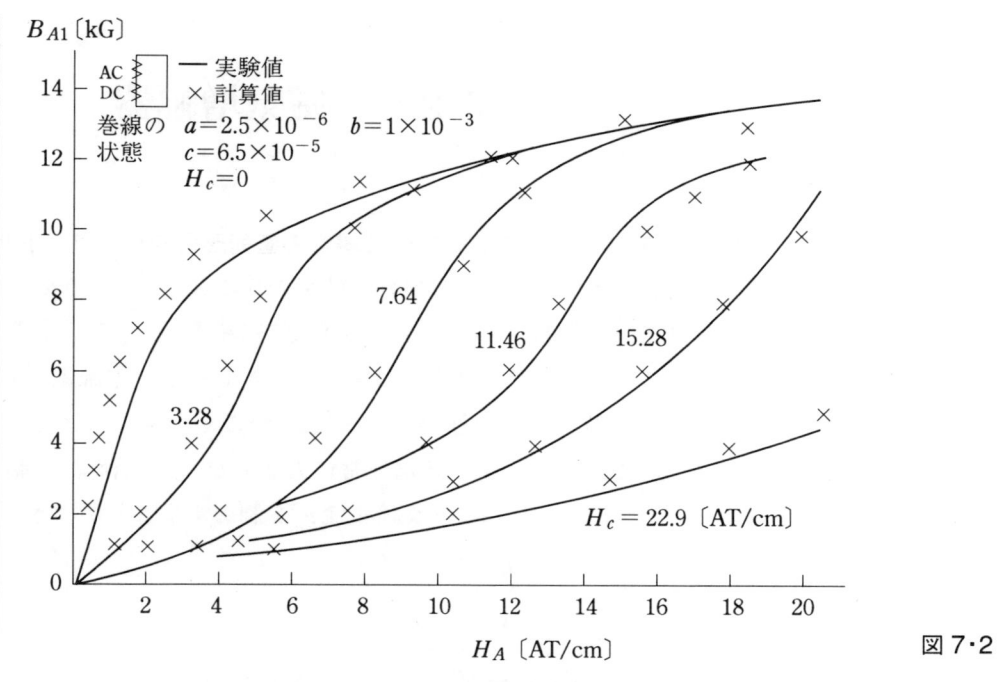

図7·2

また図7·3はB_Aをパラメータとした磁気増幅特性の一例である．可飽和リアクトルに負荷を直列とすると出力電流の増加に伴ない，リアクトル分担電圧はしだいに低下するので，動作点は高いB_Aの線から順次，低い線に移行して，図の点線のような**負荷時増幅特性**が得られる．

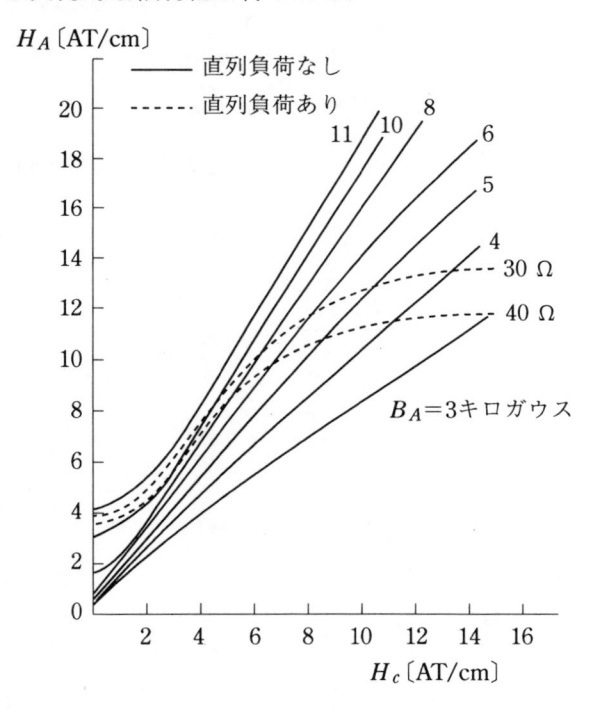

図7·3 磁気増幅器特性の一例

注：鉄心リアクトルはコンデンサと併用しての各種の鉄共振制御回路，定電圧変圧器，蛍光灯用安定器，大電流パルス発生装置などに利用され，単独では尖頭波変圧器，トランジスタと組合せてのDC→ACコンバータなど応用面は非常に多い．またほかの要素と組合せて各種の応用回路があるが，ここでは紙数の関係で直流制御巻線を施した制御用の可飽和リアクトルの原理のみにとどめざるを得なかった．

7・2　磁気増幅器

角形ヒステリシス磁化特性

(1) 角形ヒステリシス磁化特性の場合の直列形可飽和リアクトルの動作

結線は図7・4とし，鉄心の磁化特性は図7・5に示す3直線で表される理想的なものとする．さて，制御電流I_cが大きく鉄心が完全に飽和していれば，交流による磁束は変化し得ないから両リアクトルは電圧を分担し得ず，電源電圧Vは負荷R_Lにそのまま加わり，負荷に電流が通ずる．またI_cがごく小さく，鉄心が非飽和であれば，両リアクトルのインピーダンスは非常に大きくなり，負荷にはほとんど電流は通じない．このようにしてI_cにより交流電流i_aを制御することができるわけである．

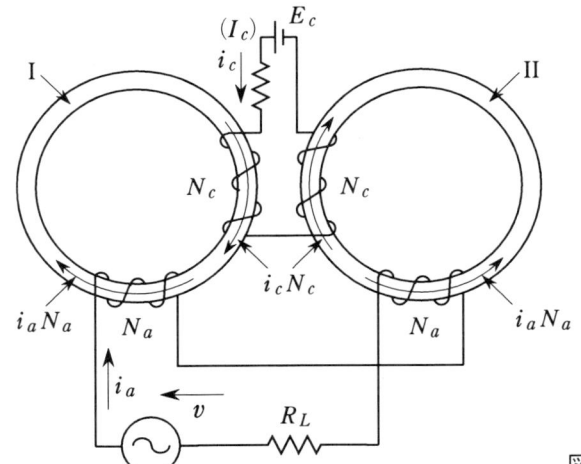

図7・4　直列形可飽和リアクトルの結線

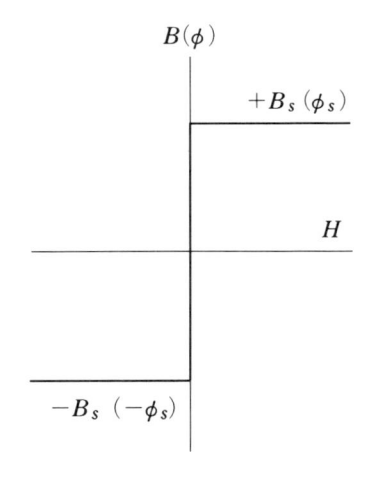

図7・5　鉄心の磁化特性

図7・4において回路に電圧がかかり始めると正半波において，まず鉄心Ⅰが飽和するとしよう．するとこの時間以後はi_aが通じ図7・6(a)のようになる．このとき鉄心Ⅱは未飽和であるが，鉄心ⅡのN_a巻線から見たN_c巻線はちょうど変圧器の2次短絡状態に相当するから，鉄心ⅡのN_a巻線の分担電圧もまた0となる．このようなi_aの流通状態は鉄心Ⅰ，Ⅱについて半サイクルごとに発生し，結局は図7・6(a)のような電流波形が得られる．また電流が躍昇する位相角θ_fを**点弧角**という．

点弧角

7・2 磁気増幅器

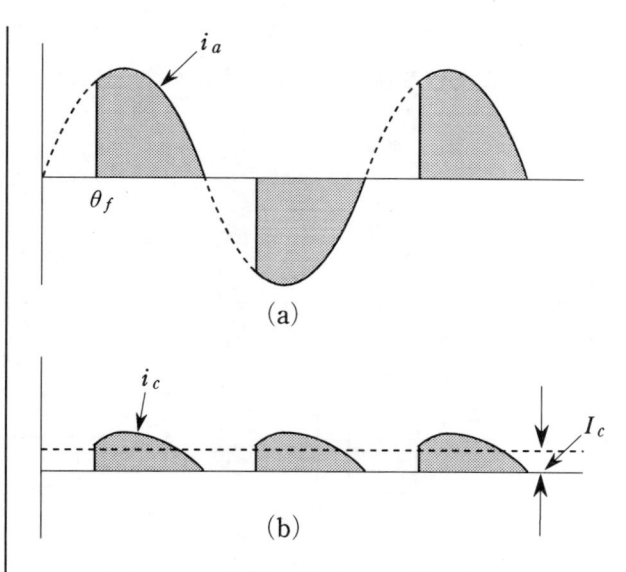

図7・6 回路の出力電流波形

このときの N_c 巻線の電流 i_c は図(b)のようになる。これは未飽和の鉄心側は短絡状態であるから、$i_a N_a$ による磁束を $i_c N_c$ により完全に補償しなければならないからである。そこで i_c の平均値を I_c、i_a の半サイクル平均値を I_a とすれば

$$I_a N_a = I_c N_c \quad \therefore \quad I_a = \frac{N_c}{N_a} I_c \tag{7・9}$$

という関係が成り立ち、N_c/N_a を十分大きくとっておけば小さな I_c で大きな I_a を制御することができる。つまり増幅器として作用するわけである。なお前式の関係を**等ATの法則**といっている。

また、前記した鉄心IIの未飽和期間で、鉄心が飽和してしまわないように設計することが大切であるが、これには

$$N_a \frac{d\phi}{dt} = E_m \sin\omega t$$

から ϕ を積分で求めて

$$\frac{E_m}{N_a} \int_0^\pi \sin\omega t\, dt = \frac{2E_m}{\omega N_a} \leq 2\phi_s \tag{7・10}$$

とする必要がある。

(2) 磁気増幅器

狭義の**磁気増幅器**[*]は図7・7、図7・8に示すように可飽和リアクトルと整流器（主として半導体整流器）を組合せたものである。

図7・7は**外部帰還形**といい、各電流の平均値を I_a、I_c、I_f で表せば、等AT則から

$$I_a N_a = I_c N_c + I_f H_f = I_c N_c + I_a N_f$$

が得られる。したがって電流増幅度 G_i は

$$G_i = \frac{I_a}{I_c} = \frac{N_c}{N_a - N_f} \tag{7・11}$$

となる。N_f が N_a に近づくと G_i はいくらでも大きくなり得ることになるが、実際に

---

[*] 磁気増幅器の定義は"可飽和リアクトルを単独で、また他の回路要素と組合せて用いることにより、増幅作用または制御作用を行う装置をいう"となっている（電気学会技術報告第4号）。なお、上記のほかいろいろの回路形式がある。

は鉄心の磁化特性が理想的な角形特性でないので，(**7・11**)式は近似的にしか成り立たず，$N_f = N_a$のときG_iは鉄心の磁化特性の垂直部の勾配にほぼ比例するという結論が得られている．

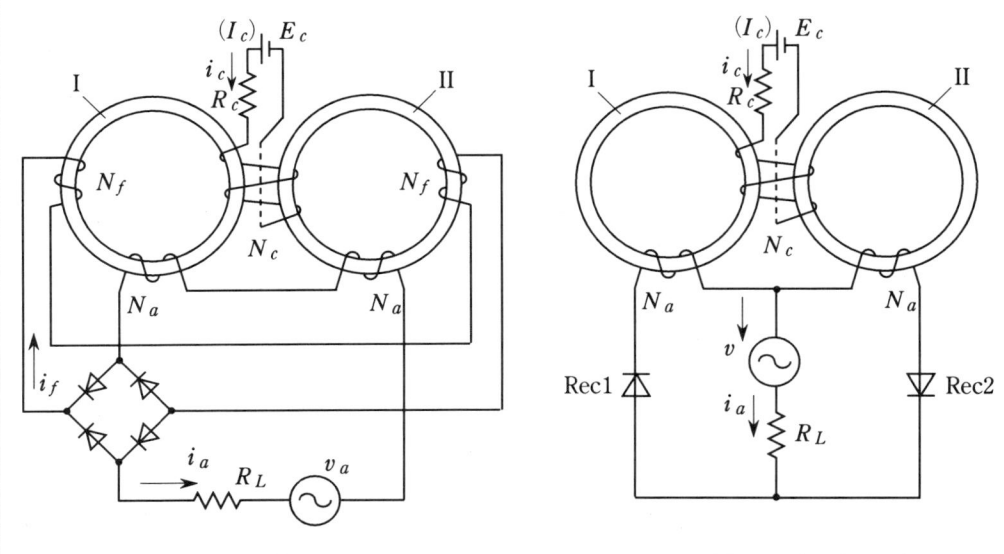

図7・7 外部帰還形

図7・8 自己帰還形

自己帰還形 　図7・8は**自己帰還形**といわれ，図7・7で$N_f = N_a$のときとまったく同一の動作をする．図7・9は磁化特性を，図7・10は波形を示し，動作中の対応点を1～6の点で示したものである．また増幅特性の一例は図7・11に示すように，帰還により制御電流の極性により非対称になる．

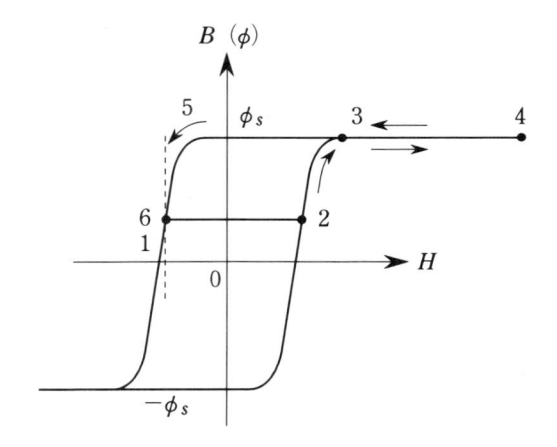

図7・9 磁化特性

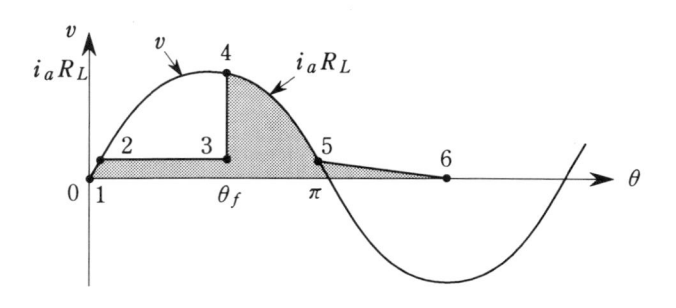

図7・10 出力波形

7·2 磁気増幅器

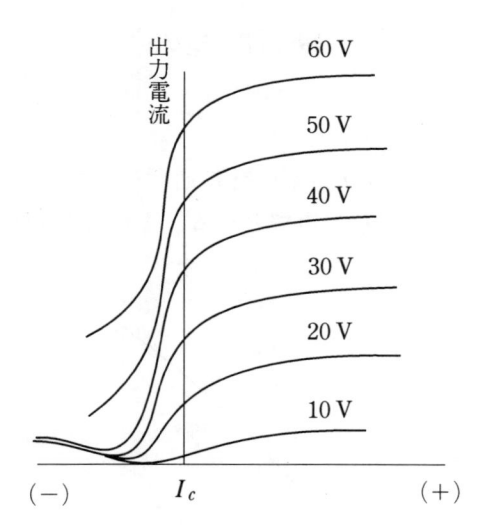

図7·11 増幅特性の一例

縦軸：出力電流
横軸：I_c （左が(−)，右が(+)）
曲線：10 V, 20 V, 30 V, 40 V, 50 V, 60 V

注：可飽和リアクトル，磁気増幅器にはこのほかいろいろの回路形式のものがあり，また鉄心には高い透磁率の冷間圧延けい素鋼，50％ニッケルパーマロイ，スーパマロイ，一般のけい素鋼などが使われ，鉄心構造もほぼ100 W以下には環状鉄心が，約100 W以上にはU字形打抜鋼板を互い違いに組合せたもの，一般のけい素鋼板を用いる場合には3脚形に組むなど，千差万別，これに伴って説明や解析もいろいろに行われている．これ以上は専門書もあるので深追いしないこととする．

〔問5〕 磁気増幅器の理論とその応用例2種を述べよ．

〔問6〕 可飽和リアクトルおよび磁気増幅器の増幅器としての特長および用途につき簡単に述べよ．

〔問7〕 磁気増幅器用鉄心材料には，どのような性質が必要か．また，これを測定する方法について説明せよ．

練習問題の答

〔問1〕

〔解答〕 図8·1において $\overline{0b1}$ は電圧計に通ずる電流とその端子電圧（すなわち指示電圧）との関係を示し，一般に直線となる．また $\overline{0c2}$ は与えられた抵抗器の電圧電流特性である．

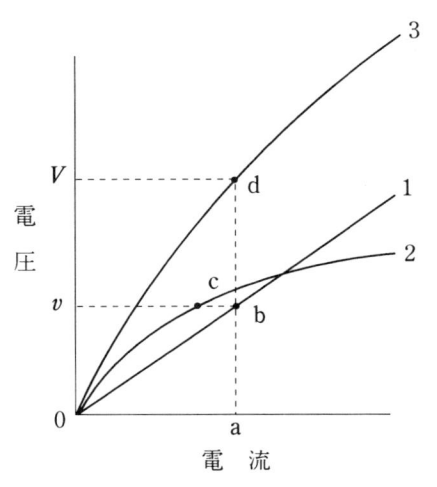

図8·1

これらを直列に接続すれば，通ずる電流は同じであるから，ある電流 $\overline{0a}$ に対する全電圧は $\overline{ab}$ および $\overline{ac}$ の和に等しい．したがって $\overline{ad} = \overline{ab} + \overline{ac}$ なる d 点は電圧計の読み $v = \overline{ab}$ の場合の測定しようとする回路の電圧 V を示す．

このようにして電圧計の電流のいろいろな値に対して全電圧曲線 $\overline{0d3}$ を描いておけば，ある電圧計の読み，$v = \overline{ab}$ に対する測定しようとする回路の電圧は $V = \overline{ad}$ より求められる．

〔問2〕

〔解答〕 定格時における100 W球の抵抗は100 Ω，60 W球では100/0.6 = 167 Ω，2個並列で167/2 ≈ 84 Ωで題意により印加電圧に制限はないのであるから，もし100 W球の方がまず定格値100 Vに達するとすれば，60 W球にかかる電圧値 e は100 V以下で1/2 = 0.5 Aずつの電流が通じ抵抗も84 Ω以下のはずで，仮定に反しない．

また60 W球が先に定格値に達するとすれば，2×0.6 = 1.2 Aが100 W球に通じ，その電圧は60 W球の電圧より高くなければならず仮定に反する．よって100 W球の光度が先に定格値に達する．

つぎにab間の印加電圧を $(100 + e)$ [V] とすれば，60 W球の定格電流は0.6 Aで，**電流は電圧の0.6乗に比例するから**

$$\frac{0.5}{0.6} = \left(\frac{e}{100}\right)^{0.6} \tag{8·1}$$

60 W球の100 Vにおける光度を I，この場合の光度を i とすれば，光度は電圧の3.6乗に比例するから

$$\frac{i}{I} = \left(\frac{e}{100}\right)^{3.6} \tag{8·2}$$

(8·1)式の両辺を6乗すれば，

$$\left(\frac{0.5}{0.6}\right)^6 = \left(\frac{e}{100}\right)^{0.6\times 6} = \left(\frac{e}{100}\right)^{3.6} = \left(\frac{5}{6}\right)^6$$

これを (8・2) 式に代入すれば，

$$\frac{i}{I} = \left(\frac{e}{100}\right)^{3.6} = \left(\frac{5}{6}\right)^6 = \frac{15\,625}{46\,656} \simeq 0.335$$

すなわち 100 W 球の光度が先に定格値に達し，この場合 60 W 球の光度は定格値の約 33.5％となる．

〔問3〕

〔略解〕 アーク電圧 e はそのときの電流を i とすれば

$$e = E - iR = a + \frac{bl}{i}$$

$$\therefore \quad i^2 R - i(E-a) + bl = 0$$

$$i = \frac{(E-a) \pm \sqrt{(E-a)^2 - 4Rbl}}{2R}$$

これが実根であるためには

$$(E-a)^2 > 4Rbl \quad \text{あるいは} \quad \frac{(E-a^2)}{4Rb} >$$

したがって，l が最大で，かつ，実根の限界は

$$l = \frac{(E-a)^2}{2Rb}$$

これが求める電極間の最大距離である．このときの電流 i はつぎのようになる．

$$i = \frac{E-a}{2R}$$

〔問4〕

〔略解〕

第1方法；T を変化させて，I のグラフを描けば図 8・2 のようになる．$T \to \infty$ とすれば $I = A$ となるから曲線の漸近線の高さが A に等しい．また $T = B$ とおけば $I_1 = A\varepsilon^{-1} = A/\varepsilon = A/2.7183 = 0.368A$ より ab を引けば ab $= B$ に等しい．

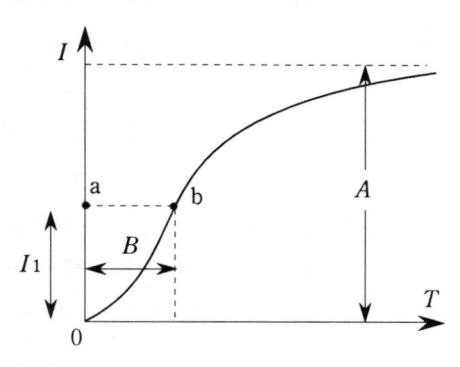

図 8・2

第2方法；$I = A\varepsilon^{-B/T}$ を対数で示せば

$$\log_{10} I = \log_{10} A - \frac{B}{T} \log_{10} \varepsilon$$

$Y = \log_{10} I$, $K = \log_{10} A$, $m = B\log_{10}\varepsilon$ とおけば

$$Y = K - m\left(\frac{1}{T}\right)$$

これは直線の方程式であるから，縦軸だけ対数目盛りにすると直線となり（図8・3），縦軸と $\log_{10} A$ 点で交わり，横軸と K/m 点で交わる．すなわち

$$\overline{0\mathrm{b}} = \frac{K}{m} = \frac{\log_{10} A}{B\log_{10}\varepsilon}$$

したがって a，b 両点から A，B を求めればよい．

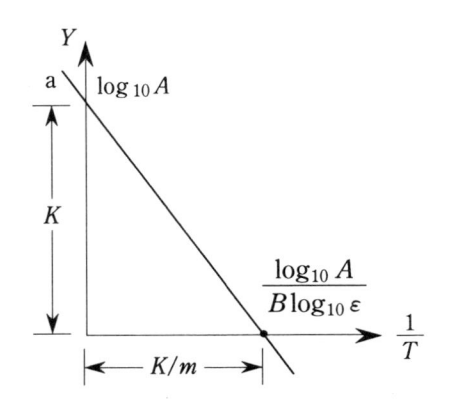

図8・3

[問5] [問7] （答）省略

[問6]

[略解]　増幅器としての特長は，（イ）堅牢で長寿命（高信頼度），（ロ）安定度が高い（ドリフト小），（ハ）入出力間が絶縁できる，（ニ）大容量のものが容易に造れる，など．

　応用は多岐にわたる．まず増幅度のあまり高くない可飽和リアクトルは，大出力容量の必要な電気炉，調光装置などの制御，また負荷が短絡しても i_a はほとんど i_c により定められた値をとるのでこのような場合にも安全であるので，電気集塵機の電流制限用のほか，定電流基準など特殊な用途を有している．

　またこのことは等価内部抵抗が大きいことを意味しており，たとえば変流器二次巻線との並列接続を有する用途 —— 交流発電機の自励装置など —— に使用され，また制御巻線を1ターンとして直流変流器として使われる．また制御巻線側に発生する偶数調波を利用して倍周波装置として使われている．

　狭義の磁気増幅器の応用としては，主なものをあげると，電動機，発電機など電気機器の自動制御，定電圧（流）電源，工業計測器用増幅器，アナコンの演算増幅器，無接点継電器などがある．これらのうち自動制御に用いられる場合には終段の電力増幅段にはしばしば前記した可飽和リアクトルが用いられることも多い．

索引

英字

L, C, R並列鉄共振回路	30
2乗特性	6
9倍周器	8

ア行

アークの安定	11
安定抵抗	11
安定点	23
エヤトン（Ayrton）夫人の式	10

カ行

可飽和リアクトル	42
外部帰還形	47
角形ヒステリシス磁化特性	46
起磁力	43
共振電圧	33, 34, 39
共通点対地電位	26
偶数調波成分	44
交流アーク	10
交流定電圧装置	32
拘束磁化状態	44

サ行

残留電圧	26
磁化特性曲線	15
磁気増幅器	47
磁気増幅特性	44
磁束変化	43
自己帰還形	48
自由磁化状態	44
叱音アーク	10
垂下特性	10
線形回路	1
素子の抵抗	2

タ行

楕円	22
単巻変圧器	37
炭素アーク	11
中性点電圧	40
中性点反転現象	40
中性点不安定現象	41
跳躍現象	18
直流アーク	10
直流制御電流	42
直列共振	26
直列鉄共振	13, 18, 20
直列鉄共振回路	19
直列鉄共振形定電圧安定器	25
抵抗直線	11
鉄共振現象	41
鉄心リアクトル	7, 13
鉄心リアクトル端子の電圧	17
鉄心リアクトル電圧	39
点弧角	46
電圧分担の方程式	34
電流軌跡	29
トランジスタ	4
等ATの法則	47
等価正弦波	19

ハ行

波形ひずみ	5
ピークトランス	8
ヒステリシス	6
非線形抵抗	2
非線形抵抗素子	2
微分抵抗	2
微分波形	8
不安定点	21, 23
負荷時増幅特性	45
負性抵抗	2

索 引

負抵抗 11
並列共振部の電圧電流特性 34
並列鉄共振 39
並列鉄共振現象 14
ベクトル軌跡 20
変圧器の励磁電流 8
放電管 3

ラ行

臨界状態 21, 24
零相電圧 40, 41

d-book
非線形回路

2000年8月20日　第1版第1刷発行

著　者　　森澤一榮
発行者　　田中久米四郎
発行所　　株式会社電気書院
　　　　　東京都渋谷区富ケ谷二丁目2-17
　　　　　(〒151-0063)
　　　　　電話03-3481-5101（代表）
　　　　　FAX03-3481-5414
制　作　　久美株式会社
　　　　　京都市中京区新町通り錦小路上ル
　　　　　(〒604-8214)
　　　　　電話075-251-7121（代表）
　　　　　FAX075-251-7133

印刷所　創栄印刷株式会社
ⓒ2000kazueMorisawa　　　　　　　　　　Printed in Japan
ISBN4-485-42909-1　　　　　　　　[乱丁・落丁本はお取り替えいたします]

〈日本複写権センター非委託出版物〉

本書の無断複写は，著作権法上での例外を除き，禁じられています．
本書は，日本複写権センターへ複写権の委託をしておりません．
　本書を複写される場合は，すでに日本複写権センターと包括契約をされている方も，電気書院京都支社（075-221-7881）複写係へご連絡いただき，当社の許諾を得て下さい．